中华饮食
文化丛书

湘菜

新东方烹饪教育 组编

中国人民大学出版社
·北京·

编写委员会

编委会主任：许绍兵

编委会副主任：金晓峰　吴　莉

编委会成员（排名不分先后）：

张　明　罗现华　王允明　朱咸龙

柯国君　张运珠　李年红　肖贤宇

戴挪军　罗　鸣　周　宏　张　杨

戴国军　曾旺山　姜果花

　　湖南人，无辣不欢，如今已将这份热情融入湘菜的魅力之中，将其送向了全国，走向了世界。这股独特的湘情湘韵，不仅凝聚了湖南的风土人情，更烘托出湖南人豁达热情的性格。湘菜纵然爽辣，却以本味为主线，以食材的天然鲜美为基底，再以精心研制的调味品加以点缀，交织出令人陶醉的滋味。

　　口腹之欲，不可轻忽。时光如梭，食客依然在变，湘菜的厨师们，早已成为创新的引领者，开辟着餐饮市场的新风采。每一道特制调味、充满激情的佳肴，都汇聚成绚丽的人间烟火。湘菜大师王墨泉曾言：一道好的湘菜，食前让人垂涎，食中让人叫绝，食后难以忘怀。如此滋味，正是湘菜的真谛。

　　本书编者以湖湘风情为创作源泉，经过多轮精心筛选，定夺拍摄制作的名厨与佳肴，经过漫长的筹备与艰辛的立项，历经层层的审核与精雕细琢的修改，凭着匠心，铸就精品，以期履行湘菜教学的使命，传承湘人精神，绽放湖湘之美。

　　本书将展现湖南地域风味的多元面貌，菜品按照市州的分布巧妙划分，巡礼湖南大地的食材特馈与风味珍馐。将食与景、味道与记忆，在镜头前交织成一幅幅令人陶醉的味觉画卷。

　　在本书的篇篇页页中，我们穿越时光，品味湘菜的醇香，领略湖湘的风情，共同感受湘菜之美，流连忘返，回味无穷。

目录

湘菜 XIANGCAI

话说湘菜 ·········· 1

凉菜

1. 东江三文鱼拼秋葵 ·········· 6

2. 木耳豆笋拌黄瓜 ·········· 8

3. 柠檬泡椒无骨凤爪 ·········· 10

4. 红油小蘑菇 ·········· 12

5. 汝城酸辣石耳 ·········· 14

6. 擂钵三合一 ·········· 16

7. 蒜香烤肠 ·········· 18

8. 芥末鲜鲍片 ·········· 20

9. 香辣卤鸭脖 ·········· 22

10. 烧辣椒有机皮蛋 ·········· 24

热菜

CONTENTS

传统经典菜

11. 东安仔鸡 ·········· 28

12. 东安水岭羊肉 ·········· 30

代表名菜

酒店流行菜

湘菜是中国历史悠久的八大菜系之一，早在汉朝就已经形成菜系。《史记》中曾记载，楚越"地势饶食，无饥馑之患"。长期以来，"湖广熟，天下足"的谚语广为流传。湘菜源远流长，根深叶茂，在几千年的悠悠岁月中，经过历代的演变与进化，逐步发展成为颇负盛名的地方菜系。湘菜以湘江流域、洞庭湖区和湘西山区三种地方风味为主，具有深厚的文化底蕴，是中国饮食文化宝库中一颗璀璨明珠。

一、湘菜的起源与发展历史

湖南古称"南蛮"，战国时境内主要居民为楚人和越人。当时饮食由于受气候和地理环境的影响，已形成了与中原地区不同的特点，而且这些特点一直沿袭到两汉。诗人屈原所著《楚辞》中的《招魂》《大招》就反映了当时祭祀活动中丰富味美的菜肴、酒水和小吃情况。另外，《大招》里还提到有"醢豚"——小猪肉酱、"苦狗"——狗肉干、"烝凫"——蒸野鸡、"煎"——煎鲫鱼、"雀"——黄雀羹等菜肴。从中我们可以知道，在当时湖南地区居民的饮食生活中已有烧、烤、焖、煎、煮、蒸、炖、醋烹、卤、酱等十多种烹调方法。所采用的原料，也都是具有楚地特色的物产资源。《楚辞》中云："大苦，豉也。"指的就是湖南民间调味品豆豉，至今浏阳出产的豆豉仍闻名全国。

秦汉时期，湖南的饮食文化逐步形成了一个从用料、烹调方法到风味风格都比较完整的体系，其使用原料之丰富，烹调方法之多样，风味之鲜美，都是比较突出的。长沙马王堆西汉墓出土的竹简《食单》中对当时的饮食有详细的记载。《食单》中有精美菜品近 100 种，其中内羹一项就有 5 大类 24 种，另还有 72 种食物，如"鱼脍"是从生鱼腹上割取的肉，"牛脍""鹿脍"等是把生肉切成细丝制成的食物，"熬兔""熬阴鹑"是干煎兔和鹌鹑等。

这时湘菜的烹调方法已发展到 16 种，涵盖羹、炙、煎、熬、蒸、溜、胎、脯、腊、炮、醢等，佐料主要有盐、酱、豉、曲、糖、蜜、韭、梅、桂皮、花椒、茱萸等。这时独具特色的酸味菜也很多，《食单》中就有酸羹等 10 种。

唐宋时期，湖南经济文化日益繁荣，这时的饮食文化在形式上刻意求新，湘菜也随之有了长足的发展。明、清两代是湘菜发展的黄金时期。当时的湖南商旅云集，市场繁荣，湘菜茶楼酒馆遍及全省各地。湘菜的菜单也按生日、婚丧、升迁等分类，并沿用至今。

湖南地处亚热带，湿润多雨，土壤适宜辣椒生长，而且辣椒具有驱寒、祛风湿的功效，能促进唾液分泌，增进食欲。明朝末年，湘菜得到越来越多人的喜爱，在湖南喜食辣味食品的人较多，湖南人嗜辣也渐渐出名，湘菜的独特风格也在这时基本定型，形成了全国八大菜系中一支具有鲜明特色的菜系。晚清时期，湖南人曾国藩、左宗棠先后率领湘军转战南北，也将湘菜带到了各地。辣味菜成为湘菜富有特色的部分。

近现代湘菜发展已成规模，成为国内外有影响的中国菜系之一。近现代湘菜已发展到 4000 多个品种，其中有 300 多款闻名遐迩的菜肴。其中有小炒黄牛肉、剁椒鱼头、发丝牛百叶、火宫殿的臭豆腐、糖油粑粑等，湘菜受到越来越多人的喜爱。

二、湘菜的风味流派

湘菜，以湘江流域、洞庭湖区和湘西山区三种地方风味为主，即以长沙菜为代表的湘江流派、以洞庭湖水产为代表的洞庭湖流派、以湘西山区土特产野味为代表的湘西流派。

湘江流派：以长沙、衡阳、湘潭为中心，是湖南菜系的主要代表。它制作精细，用料广泛，口味多变，品种繁多。其特点是油重色浓，讲求实惠，在品味上注重酸辣、香鲜、软嫩。在制法上以煨、炖、腊、蒸、炒见称。煨、炖讲究微火烹调，煨则味透汁浓，炖则汤清如镜。腊味制法包括烟熏、卤制、叉烧，著名的湖南腊肉系烟熏制品，既可作冷盘，又可热炒，或用优质原汤蒸。炒则突出鲜、嫩、香、辣。

洞庭湖流派：以烹制河鲜、家禽和家畜见长，多用炖、烧、蒸、腊的制法，其特点是芡大油厚，咸辣香软。炖菜常用火锅上桌，民间则用蒸钵置泥炉上炖煮，俗称蒸钵炉子。往往是边煮边吃边下料，滚热鲜嫩，鲜香扑鼻，当地有"不愿进朝当驸马，只要蒸钵炉子咕咕嘎"的民谣，充分说明炖菜广为人民喜爱。

湘西流派：湘西菜擅长制作山珍野味、烟熏腊肉和各种腌肉，口味侧重咸香酸辣，常以柴炭作燃料，有浓厚的山乡风味。

凉菜

1. 东江三文鱼拼秋葵

操作视频

主料：东江虹鳟鱼肉（淡水三文鱼）200g；
辅料：秋葵 200g；
配料：红小米椒 8g、蒜 8g、薄荷叶 20g、柠檬片 25g、兰花 2 朵；
调料：生抽 50g、芥末 5g。

制作步骤

① 虹鳟鱼切片，秋葵去头尾切开；小米辣、蒜切末。

② 秋葵入沸水锅焯水后冲凉，入冰水中浸泡。

③ 碎冰打底，一边码入三文鱼。

④ 另一半码入秋葵。

⑤ 柠檬片围边，兰花、薄荷叶点缀。

⑥ 取味碟，倒入生抽，放入小米椒、蒜末，挤入芥末，随同三文鱼一同上桌蘸食即可。

♨ 注意事项

　脾胃虚弱的人应少吃。

2. 木耳豆笋拌黄瓜

准备材料

主料：干细木耳 15g、干豆笋 50g、黄瓜 100g；

配料：蒜 10g、熟花生米 20g、香菜 5g；

调料：红辣椒粉 5g、红油 15g、鸡精 3g、生抽 5g、陈醋 5g、白糖 3g、蚝油 10g。

制作步骤

① ② ③

④ ⑤ ⑥

① 豆笋用冷水充分泡发后再改刀切成菱形段，干细木耳泡发后洗净。

② 黄瓜去瓤切成小菱形块。

③ 蒜切碎，香菜切段

④ 木耳沸水氽烫过凉备用。

⑤ 原料中加入蒜、鸡精、生抽、陈醋、蚝油、白糖、红油等调料。

⑥ 加调料拌匀后，加入香菜、熟花生米抓拌均匀装盘。

注意事项

1. 干货用冷水泡发，口感更佳。

2. 豆制品易变质，豆笋泡发后尽快使用。

3. 柠檬泡椒无骨凤爪

操作视频

主料：无骨鸡爪 200g；

辅料：柠檬 10g；

配料：姜 10g、蒜 10g、泡椒 25g、葱 5g、小米椒 10g；

调料：生抽 20 克、盐 3 克、白糖 5 克、醋 10 克、辣鲜露 8 克、红油 30 克、料酒 15 克。

制作步骤

①

②

③

④

⑤

⑥

① 水烧沸后下入鸡爪、姜、葱、料酒，煮至断生。

② 鸡爪捞出投入凉水中冲水，洗净后沥水备用。

③ 将鸡爪去骨后改刀备用。

④ 泡椒、小米辣切碎，姜、柠檬切片，蒜切碎。

⑤ 鸡爪放入盘中，加入柠檬片、蒜、泡椒、小米辣、盐、生抽、白糖、醋、辣鲜露、红油。

⑥ 抓拌均匀，装盘即可。

☐ 注意事项

　　冷藏后口感更劲道爽口。

4. 红油小蘑菇

操作视频

主料：新鲜小蘑菇 150g；
配料：蒜 10g、野山椒 5g、小米辣 5g、葱 3g；
调料：红油 15g、盐 3g、味精 3g，白糖 3g、白醋 5g、香油 2g、麻辣鲜 3g。

制作步骤

① ② ③

① 将蘑菇去掉根部，配料切成碎末状，锅烧水至沸腾，将蘑菇焯熟，捞出沥干水分。

② 放入碗中，加入味精、糖、盐、麻辣鲜、野山椒、红油等调料，搅拌均匀。

③ 拌匀后装盘。

注意事项

　　1. 蘑菇要焯熟。

　　2. 蘑菇沥干水分。

操作视频

准备材料

主料：石耳 50g；
配料：香菜 15g、红小米椒 10g、泡小米椒 10g、蒜 15g；
调料：盐 3g、生抽 3g、陈醋 3g、香油 2g。

制作步骤

① 石耳涨发去蒂，清洗干净，沥干水分。

② 泡小米椒、红小米椒切节，蒜切碎，香菜切段。

③ 水烧开下入石耳，汆烫捞出，沥干水分。

④ 取一大瓷碗，依次加入生抽、陈醋、盐、香油、红小米椒、泡小米椒、蒜末、香菜。

⑤ 放入石耳，翻拌均匀。

⑥ 装盘。

注意事项

1. 石耳选材要偏肥厚，成菜冷藏半小时后食用效果更佳。

2. 石耳性凉而滑，脾胃虚寒者不宜多食。

操作视频

主料：辣椒 300g；
辅料：溏心皮蛋 1 个、榨菜 60g；
配料：蒜 5g；
调料：盐 5g、鸡精 3g、陈醋 8g、生抽 10g、香油 15g、油 50g。

制作步骤

①   ②   ③

④   ⑤   ⑥

① 起锅烧油，油温烧至 6 成。

② 下入辣椒，炸至表面成虎皮状。

③ 捞出后晾凉，撕掉表皮。

④ 放入擂钵中捣烂。

⑤ 放入蒜、盐、鸡精、生抽拌匀。

⑥ 放入皮蛋、榨菜丝，淋入香油、陈醋即可。

🍲 注意事项

  炸辣椒时油容易飞溅，注意防烫。

操作视频

主料：烤肠 150g；
配料：蒜 50g；
调料：烤粉 20g。

制作步骤

① 蒜剥皮洗净，烤肠切斜片（约3毫米厚片），蒜切2毫米片。
② 取牙签穿一片烤肠夹一片蒜，依次穿四片香肠三片蒜。
③ 将烤箱预热，150℃烤约两分钟，烤至出油。
④ 将烤好的烤肠摆入盘中。
⑤ 配上烤粉。
⑥ 装点好盘饰。

👄 注意事项

　1. 掌握烤制的温度与时间，要烤出香味和油脂，但不能焦。
　2. 烤肠品种很多，最好选用肉肠，不用淀粉肠。

准备材料

主料：鲜鲍 400g；

辅料：西蓝花 100g、胡萝卜 20g（装饰选用）；

配料：葱 5g、姜 5g、蒜 10g、小米椒 5g；

调料：香油 5g、生抽 25g、辣鲜露 5g、苹果醋 10g、芥末 3g、料酒 10g。

制作步骤

① ② ③

④ ⑤ ⑥

① 将鲍鱼取肉去内脏清洗干净，改刀切成片。

② 姜切片，葱打结，西蓝花切成小朵，胡萝卜切成蝴蝶片，蒜、小米辣切成末。

③ 起锅烧水，下入葱、姜、料酒，将鲍鱼煮熟后过凉，去掉姜葱备用。

④ 西蓝花焯水过凉备用。

⑤ 摆盘，西蓝花围边，鲜鲍摆放中间。

⑥ 制作味碟，放入生抽、辣鲜露、苹果醋、香油、芥末搅拌均匀，加入蒜、辣椒调匀，突出芥辣味。

> 🍲 注意事项
>
> 1.焯水时可加入适量的油，增加亮度，需用沸水焯。
>
> 2.芥末炝辣，用量可根据个人喜好添加。

主料：鸭脖 350g；

配料：葱 5g、姜 10g；

调料：秘制卤水 1500g、红油 20g、料酒 8g。

制作步骤

① ② ③

④ ⑤ ⑥

① 水中放入葱、姜、料酒，再将鸭脖放入煮掉血水。

② 捞出后冲洗干净。

③ 将卤水烧开，放入鸭脖卤制半小时后再浸泡半小时。

④ 捞出后将鸭脖改刀成 2～3 厘米长的段。

⑤ 装入盘中，淋上卤汁、红油拌匀。

⑥ 装盘点缀。

☕ 注意事项

1. 卤菜的关键：三分卤、七分泡。

2. 要将鸭脖的淋巴处理干净。

10. 烧辣椒有机皮蛋

操作视频

主料：有机皮蛋 3 个、大红椒 150g、大青椒 50g；
配料：蒜 30g；
调料：香油 8g、盐 3g、鸡精 2g、干辣椒粉 5g、生抽 3g。

制作步骤

① ② ③
④ ⑤ ⑥

① 将辣椒置于明火上烧，表皮烧至虎皮状。
② 辣椒去皮去籽，清理干净，撕成条状。
③ 加入蒜末、盐、鸡精、干辣椒粉、生抽。
④ 皮蛋切瓣摆盘。
⑤ 将加入调料的烧椒抓拌均匀。
⑥ 加入香油，拌匀装盘。

注意事项

1. 皮蛋调味也可加醋，口味更佳。
2. 辣椒也可采用油炸，口味口感很相似，更节约制作时间。

热菜

传统经典菜

11. 东安仔鸡

据说唐玄宗开元年间，有客商赶路，入夜饥饿，在湖南东安县城一家小饭店用餐。店主因无菜可供，捉来童子鸡现杀现烹。童子鸡经过葱、姜、蒜、辣椒调味，香油爆炒，再烹以酒、醋、盐焖烧，红油油、亮闪闪，鲜香软嫩，客人赞不绝口，到处称赞此菜绝妙。知县听说后，亲自到该店品尝，果然名不虚传，遂称其为"东安仔鸡"。这款菜流传至今上千年，成为湖南名菜。

操作视频

主料：仔鸡 800g；

配料：干椒丝 10g、葱 15g、尖红椒 20g、花椒 3g、生姜 10g；

调料：盐 5g、米醋 10g、花椒 3g、料酒 5g、鸡粉 5g、生抽 5g、蚝油 5g。

制作步骤

① 锅烧水，下葱、姜、料酒、宰杀好的鸡，反复烫 3 次捞出。再放入锅中浸煮 15 分钟左右，捞出浸
冰备用。

② 鸡去粗骨，顺纹切成 5 厘米长、2 厘米宽的条状。

③ 葱切段，姜切丝，尖红椒切丝。

④ 净锅入油，下姜丝、干椒丝、花椒翻炒爆香。下主料翻炒均匀，焖煮 5 分钟。

⑤ 加入米醋、鸡粉、蚝油等翻炒均匀，加少许高汤。

⑥ 加入红椒丝、葱段，盛出装盘。

🍲 **注意事项**

　　1. 煮鸡的时间不宜过长，以腿部能插进筷子拨出无血水为准；

　　2. 选用生长期 1 年以内的仔鸡最好。

12. 东安水岭羊肉

　　在水岭的民间，相传宋朝时水岭人陈知邺武功高强，被朝廷封为"大夫"。因习武健身的需要，好吃羊肉。他为地方治安作出了突出贡献，后在剿匪中不幸牺牲。水岭人为了纪念他，便在每年正月初七陈大夫寿诞之日，举办羊肉盛宴。在水岭人心中，羊肉不仅是美味佳肴，更是一张与水岭武术齐名的亮丽名片。

操作视频

主料：水岭羊肉 1000g；
辅料：水岭萝卜 300g；
配料：香菜 30g，酸辣椒 30g，葱 15 克，姜 20g，桂皮、八角、山柰、草豆蔻各 2g，整干椒 10g；
调料：茶油 75g，盐 8g，生抽、料酒各 10g，鸡粉 10g，胡椒粉 15g。

制作步骤

① 将水岭羊肉砍成块，水岭萝卜洗净去皮切块，葱切花，姜切片，香菜切段。

② 水岭羊肉入冷水锅中，加入料酒煮，去掉浮沫，捞出备用。

③ 净锅加茶油，下姜片、葱结、香料、酸辣椒等炒香。

④ 下水岭羊肉煸炒。

⑤ 加入清水，加盐、胡椒粉、鸡粉、生抽调味。

⑥ 加入水岭萝卜，改小火焖至酥烂，盛出装盘，撒葱花、香菜即可。

☕ 注意事项

　　1. 羊肉需漂水半小时，去血水。

　　2. 羊肉和萝卜宜选用水岭当地的，茶油宜用永州、邵阳或常宁地方产的，味道更佳。

13. 北湖烧鸡公

　　正月初二杀鸡公，出门大吉运亨通，北湖人的土话将公鸡喊做鸡公。古时建房在动土之日，在立门和封垛的时候，都要杀大红公鸡敬天地，并做"烧鸡公"款待客人，祈求五谷丰登、人兴财旺。"烧鸡公"指的就是湘南地区颇有特色的爆辣红烧公鸡。

操作视频

准备材料

主料：大公鸡 1 只，约 2kg；
辅料：老姜 200g、黄干椒 50g；
配料：香葱 50g、蒜 20g；
调料：菜籽油 150g、盐 8g、蚝油 5g、酱油 5g、白酒 50g。

制作步骤

① ② ③
④ ⑤ ⑥

① 将大公鸡宰杀洗净，剁成约 3 厘米的方块。
② 将鸡块放入水中煮，去掉浮沫，捞出冲凉。
③ 净锅下菜籽油烧沸，下姜片、干椒爆香，下鸡块炒出香味。
④ 加入盐、蚝油、酱油炒匀，烹入白酒炒匀，下高汤。
⑤ 放高压锅中压 10 分钟。鸡肉带汤回锅，放入蒜烧入味。
⑥ 收汁，装盘，撒上香葱。

🍲 注意事项

公鸡选材应选当地散养土公鸡为宜。

14. 洪江血粑鸭

　　洪江血粑鸭是一道洪江名菜，具有典型的湘西风味。在洪江，凡是逢年过节，必然有这道名菜。这道菜来源一个孝心故事。相传清道光年间，洪江一大户人家，父亲六十大寿时，三女儿因家境不好，只给父亲带上了自家产的几升糯米作为寿礼。和两个姐姐厚重的寿礼一比，三妹觉得愧对父亲，于是下厨做菜表孝心。做菜时，她无意间把存放鸭血的碗打翻，鸭血全撒在糯米上了。于是，三妹急中生智，把染了鸭血的糯米掺上水后蒸在锅里做成糯米饭，等饭冷后，用刀切成小片，再用油炸酥。原本可当成点心食用，可是当地人炒鸭子历来都是将鸭血炒入鸭肉里，没有了鸭血，三妹只好将炸酥了的糯米片拌合到已烧好的鸭肉里。没想到，鸭炒熟端上桌，香气四溢，众人啧啧称奇。有人问这道菜里的糯米糕是什么，三妹笑答：血粑。从此血粑鸭的制作便由此传开。后来，又经过洪江人烹饪上的改良，洪江血粑鸭逐渐有了"湘西第一菜"的美誉。

操作视频

准备材料

主料：麻鸭 1 只 1500g；

辅料：自制血粑 250g；

配料：老姜 50g、尖红椒 100g、香葱 150g、啤酒 500ml、八角 5g、桂皮 5g、香叶 3g；

调料：菜籽油 150g、盐 5g、高汤 20g、洪江甜酱 25g。

制作步骤

① 鸭子斩断头、脚，除去鸭颈和脊骨，将鸭肉剁成 4 厘米的方块，尖红椒切斜片。

② 锅中下油，将自制血粑下入热油锅炸酥捞出。

③ 锅内放入将菜籽油烧热，下鸭头、鸭脚炸炒至鸭脚起泡，再下入鸭块、肝、肫等。

④ 炒干水分，加姜片、香料煸炒，翻炒均匀，加入洪江甜酱，炒制红润，加盐、啤酒、高汤焖 10 分钟
至肉酥汁浓。

⑤ 下尖红椒，下炸好的鸭血粑，翻炒均匀，最后放葱段翻炒均匀。

⑥ 翻炒熟软入味后，出锅装盘。

🍵 注意事项

　　血粑鸭制作时，将预先浸泡好的糯米装入碗中，宰杀鸭子时可将鸭血溶入糯米，
浸泡均匀。

15. 新化三合汤

　　"新化三合汤"又称"霸王汤",相传在晚清时期,曾国藩组建湘军与太平军抗衡,湘军士兵因为长期生活在野外、湖区,患风湿病的日见增多,致使士气低落。于是曾国藩用重金聘请新化名厨,该厨将新化祛风湿病的三合汤作为士兵佐膳的菜肴,食用后士气大振,所向披靡,并一路攻下太平天国都城。曾国藩特意将该汤赐名"霸王汤"。从此,"三合汤"在湖北、江西等地也广泛流传。2008年作为湖南三大名菜之一入选奥运食谱。

操作视频

主料：牛肉 150g、牛血 150g、牛毛肚 150g；

配料：鲜小米椒 10g、蒜 15g、生姜 20g、香葱 5g；

调料：盐 5g、胡椒粉 4g、生抽 8g、料酒 8g、辣妹子 8g、山胡椒油 10g、红油 10g、香油 5g。

制作步骤

① ② ③

④ ⑤ ⑥

⑦ ⑧ ⑨

① 将牛肉切薄片，牛血切条，牛毛肚洗净切片。

② 锅洗净烧干，放入油，油烧至五成热。

③ 放入姜丝、小米椒、蒜、辣妹子爆炒。

④ 放入牛肉煸香。

⑤ 加清水煮开 1 分钟之后，调入盐。

⑥ 放入牛血翻炒。

⑦ 放入牛毛肚翻炒。

⑧ 依次调入鸡精、生抽、料酒、红油调味，然后淋山胡椒油。

⑨ 盛到碗中，撒上葱花即可。

🍲 注意事项

1. 炒牛肉时油温和火候要控制好。

2. 鲜牛血要加盐方可凝固成块。

操作视频

主料：瑶家土猪腊肉 200g；
辅料：手工年糕 200g；
配料：红小米椒 8g、青蒜 8g；
调料：油 50g、盐 5g、蚝油 3g、酱油 5g。

制作步骤

① 将腊肉切片，年糕切片，红小米辣切节，青蒜切段。

② 起锅烧水，腊肉入沸水锅中煮去盐分，捞出备用。

③ 锅烧热，下底油，烧至 6 成热，下入腊肉煸香铲出。

④ 用炒腊肉的油把年糕煸香。

⑤ 下入小米椒炒匀。

⑥ 下入青蒜，加盐炒匀。

⑦ 下入腊肉，加蚝油、酱油。

⑧ 调味后翻炒入味。

⑨ 出锅装盘。

注意事项

腊肉选材应肥瘦恰当，煸炒出油脂，使之肥而不腻。

17. 土家三下锅

土家三下锅又名张家界三下锅，是张家界的特色美食。相传，明朝嘉靖年间，朝廷征调湘鄂西部的土司兵前往沿海一带抗倭，恰好赶上年关。为了不误朝廷调令，土司王便下令提前一天过年。于是，家家户户将腊肉、豆腐、萝卜一起放入锅内煮熟，叫作"合菜"，为土司兵送行，以后，人们就将此菜称为"三下锅"。随着时间的演变，"三下锅"的食材开始变得多样化了。

操作视频

☁ 准备材料

主料：腊肉 400g、牛肉 300g、猪耳 300g；
辅料：卤水；
配料：土豆 3 个、葱 10g、干红辣椒 10g、蒜叶 10g；
调料：盐 3g、鸡精 2g、蚝油 10g、酱油 5g。

☁ 制作步骤

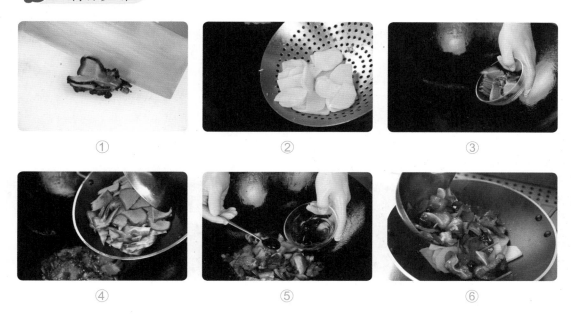

① 　　　　　　　　　② 　　　　　　　　　③

④ 　　　　　　　　　⑤ 　　　　　　　　　⑥

① 腊肉、猪耳、牛肉切片备用。

② 将土豆放至油锅中走油至金黄色捞出备用。

③ 锅中下油，下入腊肉、干红辣椒煸香入味。

④ 加卤猪耳、卤牛肉，翻炒均匀。

⑤ 加入盐、鸡精、酱油、蚝油炒至入味。

⑥ 加入蒜叶炒均匀，然后装入盛有土豆片的铁锅中。

♨ 注意事项

　　牛肉、猪耳提前卤好。

18. 土家肉

操作视频

主料：五花肉 600g；
配料：生姜 10g、干红辣椒 50g、蒜 10g、香菜 50g、小米椒 5g；
调料：盐 3g、鸡精 2g、老抽 10g、豆瓣酱 20g、蚝油 10g。

制作步骤

① 锅中放水，调入老抽，将五花肉放入锅中煮熟捞出放凉，然后在七成热油锅中炸至棕红色。

② 将炸好的五花肉切成两厘米大小的块，香菜切段，干红辣椒、小米椒切圈，姜蒜切片。

③ 将切好的五花肉继续下油锅中炸香捞起备用。

④ 锅中下油，下姜、蒜、干红椒段、小米椒段翻炒出香味后，下五花肉炒香。

⑤ 加豆瓣酱、老抽、蚝油、鸡精等调味，翻炒均匀，炒入味。

⑥ 下香菜段后盛盘。

☕ 注意事项

　1. 注意火候的把握。

　2. 五花肉不宜与大豆同食。

19. 株洲什锦菜

主料：白萝卜 300g、胡萝卜 100g、莴笋头 150g、青辣椒 100g、大头菜 100g；
辅料：刀豆 50g；
配料：姜 15g、大蒜头 15g；
调料：盐 15g、芝麻油 5g、酱油 10g。

制作步骤

① 将原料洗净改刀切丝。

② 将白萝卜、胡萝卜、莴笋、青辣椒、大头菜、刀豆、姜、蒜头切丝备用。

③ 放入盘中加盐腌出水分。

④ 沥干水分。

⑤ 加入酱油、芝麻油拌匀。

⑥ 将腌制好的什锦菜放入坛中。

⑦ 坛口加盖加水密封，放置三天左右。

⑧ 三天后查看是否入味。

⑨ 装盘待用。

注意事项

包装容器、设备及生产工具以陶器、木器为宜，金属次之。

20. 醴陵小炒肉

操作视频

主料：猪前夹瘦肉 200g、猪肥肉 100g；
辅料：尖红椒 150g；
配料：大蒜 15g、芹菜 80g；
调料：油 50g、盐 5g、生抽 10g、胡椒粉 5g、剁椒两勺 20g。

制作步骤

① 将肉洗干净，尖红椒去把洗干净，大蒜去皮，芹菜去叶子洗干净，蒜切片，芹菜切段，尖红椒切菱形片。

② 猪瘦肉跟肥肉分别切 3 毫米左右的肉片，瘦肉用生抽腌制。

③ 锅入油，先将肥肉爆油至金黄色，再将瘦肉放入炒变色，将肉捞出锅备用。

④ 起锅烧油，放蒜、尖红椒、剁椒、芹菜煸香，再放入事先炒好的肉，翻炒均匀。

⑤ 调入盐、胡椒粉、生抽翻炒入味。

⑥ 出锅装盘。

😋 注意事项

1. 大火快炒菜，肉要嫩。
2. 瘦肉一定要斜纹理切薄片，不容易柴。

21. 邵阳虎皮扣肉

操作视频

准备材料

主料：带皮猪五花肉 500g；
辅料：梅干菜 100g；
配料：干椒粉 25g、香葱 25g；
调料：盐 3g、料酒 5g、蚝油 5g、老抽 5g、生粉 5g。

制作步骤

①

②

③

④

⑤

⑥

① 将带皮猪五花肉烙毛刮洗干净。

② 将梅干菜漂净泥沙，清洗干净，挤干水分，下锅炒入味。

③ 猪五花肉用水煮熟透，擦干水分，肉皮上均匀抹上老抽，锅下油，五花肉入八成沸油中炸至表皮成酒红色起虎皮捞出。

④ 扣肉胚子改刀切成梳子形，调入盐、干椒粉、蚝油、老抽和料酒，加入生粉搅拌均匀码入碗中。

⑤ 起锅烧油，下入梅干菜，加入干辣椒煸香，盖在扣肉上。

⑥ 入蒸柜蒸烂，扣入凹盘，撒葱花即成。

注意事项

1. 原料改刀长短要一致，拼摆整齐；
2. 注意油温火候的把握。

22. 酸辣鱿鱼卷

操作视频

主料：水发鱿鱼筒 350g；
辅料：小米椒 50g、泡榨菜 80g、蒜苗 100g、泡小米椒 30g；
配料：姜 10g、蒜 10g；
调料：盐 3g、鸡精 5g、醋 30g、料酒 10g、辣椒酱 10g、红油 10g、蚝油 5g、淀粉 10g。

制作步骤

① 将鱿鱼用刀切十字交叉花刀，再改刀成长方块；将蒜苗、小米椒、泡小米椒、泡榨菜切成米状；将
   姜蒜切成米状；将葱切花。
② 将原料熟处理：鱿鱼入沸水锅煮烫，入料酒，沥干水备用。
③ 原锅留底油。
④ 下入辅料和配料炒香。
⑤ 投入主料，加入盐、鸡精、辣椒酱、蚝油、红油、高汤等大火翻炒。
⑥ 出锅装盘。

😋 注意事项

　　碱发鱿鱼，碱味较重，应多次漂水处理，并在水煮时，加料酒、白醋去除碱味腥
味，味道更佳。

23. 石门肥肠

石门肥肠的历史可以追溯到数百年前，当地居民以猪大肠为主料，配以当地的特产辣椒和土豆块，采用传统的烹饪技巧，使得这道菜既有肥肠的鲜嫩口感，又有辣椒的麻辣味道和土豆的香醇气息。经过数代人的不断改良和创新，石门肥肠已经成为常德乃至整个湖南的美食代表之一。

操作视频

主料：熟肥肠 200g、卤猪头肉 150g；

辅料：青尖椒 30g、红尖椒 30g；

配料：洋葱 30g、姜 10g、蒜 10g、香葱 5g；

调料：盐 3g、味精 3g、鸡精 3g、老抽 2g、蚝油 5g、料酒 10g、胡椒粉 3g、辣妹子 5g、香辣酱 5g、香油 5g。

🌀 制作步骤

① 肥肠改刀成三角片，猪头肉改刀成片。

② 净锅放油，五成油温时放入熟肥肠、卤猪头肉，过油捞出。

③ 锅内加入少许油，入姜、蒜，煸炒出香味，下入熟肥肠、卤猪头肉、香辣酱、辣妹子煸炒。

④ 加入味精、鸡精、胡椒粉、蚝油等翻炒入味，加入少许高汤调味，翻炒均匀。

⑤ 倒入辣椒节翻炒，均匀淋入香油，收汁。

⑥ 盘底放入洋葱，装入肥肠，撒葱段即可。

☕ 注意事项

1. 肥肠要洗净，防止异味过重，肥肠要煮透；

2. 不宜与田螺同食。

24. 土家粉蒸鱼

操作视频

主料：鮰鱼 1000g；
辅料：肥肉 30g、蒸肉粉 200g；
配料：姜 5g、葱 5g；
调料：盐 5g、鸡精 3g、料酒 3g、花椒油 5g、酱油 5g、豆瓣酱 3g、香油 2g、胡椒粉 5g、茶油 2g。

制作步骤

① 鮰鱼去内脏，洗净剁成块，姜切成米粒状，葱切成葱花。

② 鱼、肉放入盐、鸡精、豆瓣酱等调料。

③ 用手抓拌均匀，腌制入味。

④ 米粉加入水拌匀，再放入鱼肉中抓拌均匀。

⑤ 放入盘中，上蒸笼蒸 25 分钟。

⑥ 出锅后装盘撒上葱花。

☝ **注意事项**

1. 鮰鱼选料要选用肥的品种，不能太瘦；

2. 腌制要入味。

3. 味道适中，不能咸，不能有腥味。

25. 苗家酸汤鱼

　　酸汤鱼是湘西苗族特有的美食，苗族有句民谣："最白最白的，要数冬天雪。最甜最甜的，要数白糖、甘蔗。最香最美的，要数酸汤鱼。"酸酸辣辣，鱼肉鲜美，汤味醇厚，单是看着就让人食欲倍增。苗家人世居深山峻岭之中，条件艰苦的他们逐渐养成了将鱼肉等腌制的习惯，慢慢地形成了苗家人喜欢吃酸、麻和辣的特点。酸的代表之作便是酸汤鱼，凝结了苗族厨师的精湛厨艺。

操作视频

主料：草鱼 350g；

配料：泡野山椒 30g、青红椒各 30g、姜 20g、葱 10g；

调料：盐 4g、鸡精 3g、胡椒粉 2g、料酒 5g、花椒 10g、生粉 10g、黄灯笼酱 15g、番茄酱 50g。

制作步骤

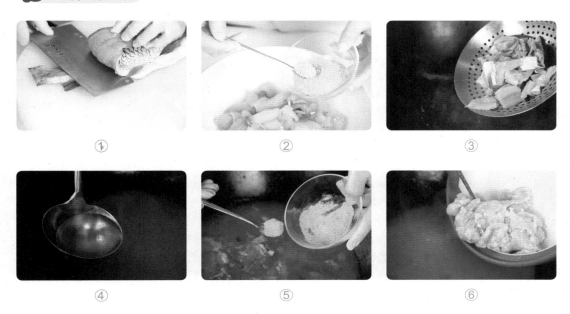

① ② ③

④ ⑤ ⑥

① 草鱼剔骨取肉，鱼骨剁块。鱼肉打鱼片，葱切花，泡野山椒切节，青红椒切圈。

② 在鱼肉片中加料酒、盐、鸡精、生粉上浆，搅拌备用。

③ 净锅入油调入盐，鱼骨入七成油锅煎至定型，调入料酒、姜片，呈金黄色捞出。

④ 净锅入油，下泡野山椒、黄灯笼酱炒香，加番茄酱翻炒均匀，加汤 1000 克。

⑤ 调入盐、鸡精，下入鱼骨，调入胡椒粉，煮至出味煮透。捞出鱼骨，高汤备用。

⑥ 在高汤中下鱼片煮至断生后捞出，碗中鱼骨打底，鱼片盖在上面，撒上青红椒圈、花椒，淋上热油，
撒上葱花即可。

🍲 注意事项

1. 鱼内脏、内膜要去除干净，将血水洗净，否则影响味道和色泽；

2. 鱼片的上浆要注意淀粉的用量。

3. 可加鸡蛋清上浆，使鱼片更白、更嫩。

26. 苗家竹笼米粉肉

　　苗家竹笼米粉肉是苗家大宴宾客和逢年过节必上的菜，而且这道菜还和孝心有关。相传古代绥宁苗家有一孝子，每逢外出做工都会把饭菜带回家给失明的母亲吃，他的孝心感动了一位有钱有势的员外，员外吩咐厨房加一道竹笼米粉肉，让孝子打包带回家吃。后来，这道竹笼米粉肉成为当地苗家大宴宾客和逢年过节必上的菜，而孝顺父母的美德和竹笼米粉肉的美味一起流传至今。

操作视频

准备材料

主料：五花肉 500g；

配料：蒸肉米粉 150g、红薯 150g、姜蓉 5g、蒜蓉 5g、小葱花 3g；

调料：豆瓣酱 5g、鸡精 3g、生抽 5g、白糖 3g、盐 3g、辣椒粉 5g。

制作步骤

①

②

③

④

⑤

⑥

① 五花肉切片，红薯切小滚刀块备用。

② 加调料抓匀腌制。

③ 加入蒸肉米粉抓拌均匀。

④ 蒸笼荷叶打底，下面摆入红薯，再码上肉片。

⑤ 入高压锅上汽蒸 30 分钟。

⑥ 出锅后装盘撒上葱花即可。

> 🍲 注意事项
>
> 1. 五花肉和红薯抓拌的时候，可加上少许水，使米粉能裹上去。
> 2. 苗家竹笼米粉肉还可以加入猪耳、猪尾、猪脚一起蒸。

27. 桂阳坛子肉

坛子肉又名辣酱肉，传说三国时期，由于连年战争，桂阳百姓生活贫苦，之后赵子龙攻打桂阳郡，败桂阳太守赵范而入城，由于赵子龙驻守桂阳期间抚民有方，深得百姓爱戴。为了表达对赵子龙的敬意，老百姓用当地特产五爪辣椒腌制猪肉，赠送给赵子龙下酒，味道又香又辣，回味悠长。赵子龙品尝后连连称赞"妙哉太和辣，美哉坛子肉"，霎时，一大盘坛子肉便被赵子龙吃完。桂阳郡坛子肉由此而名扬天下。

操作视频

主料：带皮猪五花肉 750g；
配料：红线椒 50g、红小米椒 50g、香葱 5g；
调料：油 50g、盐 10g、鸡精 5g、蚝油 6g、生抽 5g。

制作步骤

① 将五花肉烙毛洗净，切成约 2.5 厘米的方块。

② 将肉入沸水锅中煮，去掉浮沫，冲洗干净，红线椒和红小米椒入搅拌机打碎成酱，香葱切末。

③ 净锅热油，下五花肉，煸炒至出油收缩，盛入漏勺。

④ 净锅热油下辣椒酱炒香，下盐、生抽、蚝油等调味。

⑤ 下炒好的肉拌匀，盛装入高压锅蒸约 30 分钟。

⑥ 取出，撒上葱花即可食用。

注意事项

坛子肉也可以入味后盛入瓦坛，密封约 20 天后，再蒸沸食用。

操作视频

☁ 准备材料

主料：腊肉 150g、腊洋鸭 150g、腊田鸡 150g；
辅料：洋葱 50g；
配料：姜 10g、蒜 10g、小红米椒 50g、香葱 5g、莴笋头 80g；
调料：盐 3g、鸡精 3g、生抽 3g、蚝油 6g、料酒 10g、辣鲜露 5g、蒸鱼豉油 5g、香油 3g。

☁ 制作步骤

① 将腊肉、腊洋鸭、腊田鸡改刀切块，姜切丝，莴笋头切片，蒜切片，小红米椒切圈。

② 净锅放水、料酒，加入主料过水，捞出冲洗干净。

③ 锅内放油，四成油温，主料过油捞出。

④ 锅内加入菜油烧开，放姜、蒜煸香，加入主料翻炒调味，放入莴笋，加入高汤。

⑤ 加入鸡精、生抽、蚝油、小红米椒等调料，烧制收汁，翻炒均匀，淋香油。

⑥ 盆底放洋葱，出锅装盘，撒葱花即可。

🍲 注意事项

不宜鳖肉同食。

操作视频

准备材料

主料：薄卤水香干 750g；
配料：蒜 10g、葱花 10g、姜 10g；
调料：辣椒面 10g、辣椒粉 15g、味极鲜 5g，食盐 3g，芝麻 3g、孜然 8g、蚝油 8g、花椒油 10g。

制作步骤

① ② ③
④ ⑤ ⑥

① 把香干切成三角形均匀大小，再清洗干净，沥干水分备用。
② 净锅倒油，油烧至三成油温时加入香干。
③ 分次炸香干，炸到表面起泡捞出备用。
④ 净锅倒油，加入姜蒜末爆香，再放入孜然、辣椒面、辣椒粉、芝麻煸香。
⑤ 加入盐、味极鲜、花椒油、蚝油，下入炸好的香干，翻拌均匀。
⑥ 撒葱花，出锅装盘。

注意事项

注意火候和调味。

30. 炎陵酿豆腐

主料：豆腐 800g；
辅料：虾米 25g、香菇 50g、木耳 30g、猪肉 150g；
配料：葱 10g；
调料：鸡蛋 1 个、料酒 10ml、白糖 10g、胡椒粉 3g、盐 10g，色拉油 50g、淀粉 10g。

🌀 制作步骤

① 将豆腐切成 4 厘米见方、2.5 厘米厚的块。
② 挖去豆腐块的中心部分（成凹形）。
③ 将肉、虾米、香菇、木耳、葱与盐、料酒、淀粉拌匀成馅。
④ 将馅酿入豆腐中间。
⑤ 粘好淀粉、蛋液。
⑥ 下油锅，馅面向下，煎上色后翻过来再煎另一面至金黄。
⑦ 锅中倒入高汤 150 毫升，加入盐、胡椒粉、白糖烧开，转小火焖入味，然后用水淀粉勾芡收汁。
⑧ 出锅装盘。
⑨ 撒上葱花。

🍵 注意事项

　　豆腐不要切太薄，煎的时候煎至表面金黄，烧的时候不要烧太久。

操作视频

主料：腊牛肉 200g、腊肉 200g、腊牛舌 200g；
辅料：西红柿 50g；
配料：蒜 20g、姜片 30g；
调料：胡椒粉 50g、蚝油 10g、辣妹子 10g、料酒 15g、整干椒 20g、香油 20g、山胡椒油 10g、生抽 10g。

制作步骤

① 　　　　　　　　② 　　　　　　　　③

④ 　　　　　　　　⑤ 　　　　　　　　⑥

① 将腊肉、腊牛肉、腊牛舌清洗干净，均切片，过水备用。
② 锅中下油，加入腊肉、腊牛肉、腊牛舌煸香。
③ 放入整干椒、姜片、蒜等翻炒调味。
④ 淋山胡椒油、香油。
⑤ 将西红柿切块，放作锅底，再将炒好的腊三宝放在上面。
⑥ 撒香葱即可。

😋 注意事项
　　注意刀工、调味、火候。

操作视频

主料：新鲜猪肝 150g；

配料：姜 30g、小米椒 100g、大蒜叶 80g；

调料：盐 2g、料酒 10g、老干妈 3g、老抽 3g、香油 6g、蒸鱼豉油 4g、蚝油 4g、生粉 10g、味精 3g。

制作步骤

① ② ③

④ ⑤ ⑥

① 将猪肝改刀成片，需大小均匀。

② 将猪肝腌制，调入料酒、盐、味精、生粉，顺时针方向搅拌均匀。

③ 净锅上火放油，油温五成时下猪肝断生捞出备用。

④ 净锅下菜籽油，下入姜、小米椒、大蒜叶煸香，下猪肝翻炒均匀。

⑤ 调味放老干妈、蚝油、老抽、蒸鱼豉油、味精翻炒入味，出锅前放入蒜叶，淋香油。

⑥ 装盘。

注意事项

注意油温和火候。

33. 炒酸肉

主料：猪肉（偏肥）750g；

配料：青蒜 25g、干红辣椒（粉状）10g；

调料：盐 15g、花椒粉 7g、玉米粉 100g、油 50g、鸡精 3g。

制作步骤

① 将肥猪肉烙毛后刮洗干净，切成 3 厘米长、2 厘米宽、0.6 厘米厚的片。

② 加盐腌制。

③ 加花椒粉、玉米粉和鸡精抓拌均匀。

④ 将腌制好的肉片装入坛中。

⑤ 坛口加盖加水密封。

⑥ 15 天以后取出。

⑦ 锅下底油，下入腌好的酸肉，小火煎炒。

⑧ 加入干红辣椒粉翻炒均匀，最后加入青蒜。

⑨ 出锅装盘。

注意事项

1. 注意肉的初加工处理、刀工及火候；

2. 炒肉时要不断转勺、翻锅。

操作视频

主料：油豆腐 350g；
辅料：腊肉 100g、红尖椒 30g；
配料：大蒜叶 20g、姜 10g、蒜 10g；
调料：麻油 3g、盐 10g、高汤 100g、蚝油 10g、生抽 5g、红剁辣椒 50g、茶油 10g、胡椒粉 5g。

制作步骤

① 将腊肉切片，大蒜叶切节，姜蒜切末，油豆腐切开，红尖椒切节。
② 锅中放底油（茶油）。
③ 烧至 5 成油温时放入腊肉，将腊肉煸香。
④ 下入油豆腐煸炒。
⑤ 倒入高汤，放盐、蚝油、红剁辣椒、生抽、胡椒粉调味，焖五分钟后，放姜、蒜、红尖椒、大蒜叶。
⑥ 翻拌均匀，出锅装盘，淋上麻油。

注意事项

1. 注意油温、火候、调味。
2. 油豆腐不能和蜂蜜一起食用，容易引起腹泻。

操作视频

准备材料

主料：小鲫鱼 600g；
辅料：榨辣椒 150g；
配料：生姜 6g、葱 5g、蒜 8g；
调料：盐 5g、味精 3g、生抽 5g、料酒 8g、姜汁 5g。

制作步骤

① ② ③
④ ⑤ ⑥

① 将主料去鳃、鳞等内脏清洗干净，切上一字花刀待用。
② 将主料放入盐、料酒、葱、姜汁腌制，码味 30 分钟备用。
③ 净锅放油，六成油温时加入主料过油（外酥内嫩）捞出。
④ 锅内放油，入姜蒜炒香，放入榨辣椒，煸炒出香味。
⑤ 放入炸好的鱼，加入调料调味翻炒均匀。
⑥ 装盘。

36. 腊猪蹄煲

准备材料

主料：腊猪蹄 500g；
辅料：老姜 50g、豆皮 150g、蒜叶 50g；
配料：干辣椒 15g、花椒 15g、桂皮 10g；
调料：菜籽油 80g、盐 2g、味精 5g、白糖 5g。

制作步骤

① ② ③

④ ⑤ ⑥

① 将腊猪蹄剁成块。
② 腊猪蹄水煮后洗净沥干备用。
③ 净锅下菜籽油，加入姜片、花椒、桂皮、干辣椒，翻炒煸香。
④ 下腊猪蹄煸香，加高汤烧开，调入盐、味精，放高压锅中压 8 ～ 10 分钟。
⑤ 出锅放白糖。
⑥ 先将豆皮焯水入砂钵中打底，然后将腊猪蹄盛入砂锅中，撒蒜叶，出锅装盘。

🍲 注意事项

1. 腊猪蹄含盐多，加工时要去除多余盐分。
2. 一定要用菜籽油煸香猪蹄才能突出汤汁香。
3. 猪蹄不可与甘草同食，易引起中毒。

37. 衡东脆肚

操作视频

主料：新鲜猪肚 250g；

辅料：蒜苗 100g、黄贡椒 60g；

配料：姜 20g、蒜 20g、尖红椒 60g；

调料：盐 1g、鸡精 5g、蚝油 4g、生抽 6g、白醋 5g、料酒 10g、老抽 5g、香油 5g。

制作步骤

① 尖红椒洗净，去净籽；猪肚用盐、白醋、料酒洗净去油；蒜苗去老的部分；姜、蒜去皮洗净。

② 猪肚用片刀中间切开，顺纤维推拉成丝，粗细均匀。

③ 锅内放油，肚丝用四成油温炒断生后捞干水分。

④ 锅内入油，下入姜、蒜、黄贡椒、蒜苗末等煸香，再下入肚丝翻炒。

⑤ 加入盐、鸡精、蚝油、生抽、老抽和香油炒入味。

⑥ 出锅装盘。

注意事项

　　猪肚炒制过程注意火候，避免炒老影响口感。

操作视频

准备材料

主料：老水鸭 2.2kg 左右；

辅料：冬瓜 100g；

配料：干红椒 20g、八角 5g、草果 5g、白芷 10g、花椒籽 5g、大蒜叶 15g、青尖椒 10g、红尖椒 10g、姜 10g、蒜 10g；

调料：猪油、菜籽油各 100g，香油 5g，高汤 500g，啤酒 300g，红油豆瓣酱 10g，阿香婆牛肉酱 15g、黄剁椒 15g、老抽 8g、生抽 5g、盐 5g。

制作步骤

① 老水鸭宰杀去内脏，清洗干净，留鸭杂、鸭血，沥干水备用。冬瓜去皮，大蒜叶、红尖椒、姜、蒜清洗干净备用。姜、蒜切片，青、红尖椒切段，蒜叶切段。鸭肉剁成 5 厘米的块。冬瓜切成 1.5 厘米厚片，放入钢锅中打底。

② 锅烧热放菜籽油，放姜、蒜、香料（八角、草果、白芷和花椒籽），炒出香味。

③ 放入老水鸭，煸炒至水分蒸发，加入盐、生抽、红油豆瓣酱、老抽、猪油、阿香婆牛肉酱、黄剁椒、啤酒后翻炒。

④ 加入高汤调味后再加入干红椒，入高压锅中上汽压 10 分钟。

⑤ 将压好的鸭块回锅，加入冬瓜煮软后加入青、红尖椒和大蒜叶收汁。

⑥ 淋上香油，将烧好的鸭出锅盛盘。

☕ **注意事项**

冬瓜不要放入高压锅同主料一起烧，会影响口感。

操作视频

准备材料

主料：本地黑山羊 250g；

配料：桂皮 2g、八角 2 个、香叶 5 片、干辣椒 20g、花椒 5g、生姜 20g、陈皮 5g、青蒜叶 20g、蒜 20g、青椒 8g、红椒 10g；

调料：盐 8g、鸡精 5g、生抽 10g、老抽 5g、料酒 20g、蚝油 10g、白糖 5g。

制作步骤

① 羊肉烫皮刮洗干净，剁成大块，下入冷水锅中煮至断生捞出。

② 炝锅加入菜籽油，烧至七成热，下羊肉，烹料酒炒香。

③ 下入桂皮、八角、陈皮、生姜、花椒、香叶、干辣椒炒干水分，煸香。

④ 调味入盐、鸡精、白糖、生抽、老抽、蚝油，翻炒均匀，炒至上色，加入高汤。

⑤ 放入高压锅中，烧开后转中火煨 20 分钟左右倒出。

⑥ 锅置火上入油，下入蒜、姜片爆至金黄。

⑦ 下入羊肉、原汤，烧开。

⑧ 待汤汁浓稠时下入红椒和青椒。

⑨ 收汁放青蒜叶，盛入砂锅即可。

☕ 注意事项

1. 羊肉买回来一定要烫掉表面残毛，刮洗干净，不然烧出来会有残毛。

2. 体质属火性的尽量少吃，以防上火。

40. 豆辣抱盐鱼

主料：草鱼中段 350g；

配料：香葱 10g、姜 10g、浏阳豆豉 10g、整干红椒 10g；

调料：盐 4g、白糖 5g、蒸鱼豉油 10g、蚝油 10g、鸡精 5g、菜籽油 50g、老抽 2g、生抽 2g。

制作步骤

① 草鱼宰杀去内脏，取中段，剞花刀，改成大块；整干红椒切节，姜切片，香葱切小段。

② 鱼加盐、鸡精、老抽、生抽、姜、葱腌制 2 天。

③ 将腌好的鱼洗净，下入油锅炸至两面金黄。

④ 锅留底油，下入姜片、干红椒、豆豉炒香，下入鱼块，调味，加白糖、鸡精，蒸鱼豉油、蚝油。

⑤ 加水烧开，转中小火烧至入味。

⑥ 收汁，装盘，撒葱花后盛出装盘。

☙ 注意事项

　1. 腌时盐要放准，既不能咸也不能淡，要腌制透；

　2. 注意豆辣味的调制、火候的掌握。

代表名菜

41. 毛氏红烧肉

主料：带皮五花肉 500g；
辅料：上海青 150g；
配料：蒜瓣 50g、姜 20g、葱 60g；
调料：盐 6g、味精 2g、白糖 10g、淀粉 3g、蚝油 10g、胡椒粉 3g、料酒 20g、生抽 15g、八角 6g、桂
皮 8g、干红椒 10g、香叶 6g。

制作步骤

① 净锅加水，五花肉冷水下锅，煮熟捞出备用。

② 锅加清水，加入盐，下入上海青，断生后捞出备用。

③ 五花肉切成方块，长宽约 2.5 厘米，姜切块，干红椒切节。

④ 起锅加白糖，小火拌炒至变色，当糖水变成棕红色，加入清水，煮开后倒出备用。

⑤ 净锅入油，烧至五成油温，下五花肉过油炸至肉表面呈浅黄，出锅沥油。

⑥ 锅中下入葱、姜、蒜、香叶、桂皮、干红椒和八角，继续炒香。

⑦ 倒入糖水，下入五花肉，加盐、味精、胡椒粉、生抽等调料。

⑧ 倒入高压锅小火压制 8 分钟。

⑨ 从高压锅倒出，加入白糖，淋入水淀粉勾芡煮制收汁，五花肉装盘，上海青围边，淋上汤汁，成菜。

😋 注意事项

1. 五花肉一定要选用猪软肋部位五花三层的皮肉，这样做出来的红烧肉肥瘦相间、松软适口、肥而不腻。

2. 肉在制作前一定烫皮，把毛刺刮干净。

3. 烧肉时，火候要注意，肉一定要烧至酥烂才好吃

42. 岳阳臭鲈鱼

操作视频

主料：臭鲈鱼一条 500g；
辅料：紫苏 20g、洋葱 50g；
配料：红杭椒 50g、青杭椒 50g、葱 5g、小米辣 50g；
调料：猪油 20g、姜 10g、蒜 10g、豆豉 10g、盐 10g、陈醋 10g、胡椒粉 3g、色拉油 100g、蚝油 20g、
　　　高汤 800g、老抽 5g、鸡精 5g、白糖 5g。

制作步骤

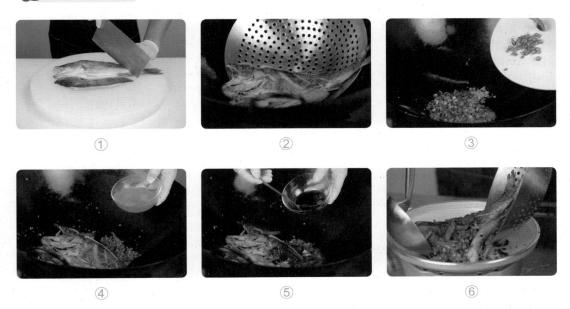

① 臭鲈鱼清洗干净，沥干；红杭椒、青杭椒、小米辣、紫苏、洋葱、姜、蒜清洗干净备用。

② 锅中加入色拉油，烧至七成熟，下入臭鲈鱼，将鱼煎至两面金黄捞出。

③ 另起锅入猪油烧热，加入豆豉、蒜末、姜末、红杭椒、青杭椒、小米辣炒出香味。

④ 下入鲈鱼，加入少量高汤。

⑤ 再加入胡椒粉、盐、鸡精、陈醋、老抽、蚝油等调料烧开。

⑥ 烧至收汁，放入洋葱丝垫底的碗中，装盘。

☙ 注意事项

　　焖鱼的水量不要太多，撒上青杭椒焖了第一次就不要加盖了，免得青杭椒颜色发黄。

43. 姜辣凤爪

操作视频

主料：鸡爪 1000g；
辅料：干红椒 150g、姜 300g；
配料：葱 15g；
调料：生抽 10g、啤酒 400g、蚝油 20g，香油 5g、色拉油 80g、鸡精 30g、阿香婆牛肉酱 20g、辣妹子 15g、料酒 15g、老抽 6g。

制作步骤

① 将鸡爪清洗干净，去掉爪尖，大的鸡爪切开分成两半，沥干水分备用；葱一半打结，一半切成葱花；姜切片。
② 净锅下入姜、干红椒、鸡爪，煸炒爆香。
③ 加入生抽、色拉油、香油、蚝油、辣妹子、阿香婆牛肉酱、鸡精等调料，翻炒均匀。
④ 加入啤酒没过鸡爪，加入高汤，倒入高压锅，压制 6 分钟。
⑤ 从高压锅中取出倒入砂锅中。
⑥ 撒上葱花。

注意事项

清理鸡爪时，必须要去掉鸡爪的指甲，指甲不卫生而且非常影响食欲。

操作视频

☁ 准备材料

主料：五花肉 100g、猪血 150g、猪肝 50g、猪大肠 100g；
配料：姜 10g、葱 10g；
调料：盐 4g、鸡精 5g、料酒 20g、胡椒粉 5g。

☁ 制作步骤

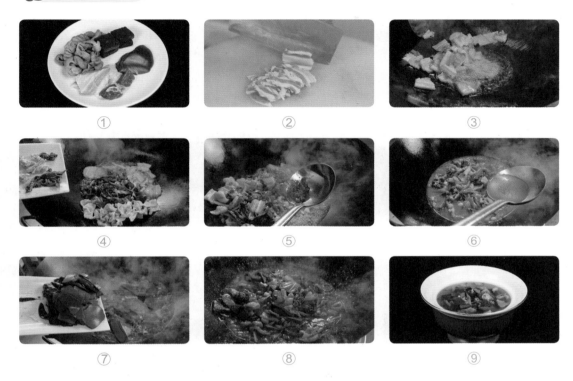

① 将猪大肠、猪肝洗净后放入锅中，再加入葱、姜、料酒煮透，捞出备用。

② 猪五花肉切成片，猪大肠、猪肝、猪血切片，姜切米，葱切花。

③ 锅置火上，放入菜籽油烧热，下入五花肉炒香煸出油。

④ 下入猪肝、猪大肠。

⑤ 下入姜米、剁辣椒（选用），翻炒均匀。

⑥ 加水，调入盐、鸡精、胡椒粉，旺火烧开。

⑦ 下入猪血煮沸。

⑧ 收汁。

⑨ 装盘撒葱花。

☺ 注意事项

　　一般要选用刚杀的新鲜猪肉，同时注意油温的控制，火候的把握。

45. 永州血鸭

　　永州血鸭是湖南永州的一款传统名菜。据传太平军首领洪秀全率众将士攻打永州城，特命厨师长在天黑前把饭菜做好，好让众将士们吃饱喝足后英勇杀敌。厨师长在煮鸭时发现，由于时间紧迫鸭毛没有拔干净，这样会影响众将士胃口，弄不好误了军机大事有砍头的危险，急中生智就把鸭血全倒进了锅里。到了开宴时间，拌有鸭血的鸭肴全部端上了桌，结果大家胃口大开，吃得肚如战鼓，拂晓就大获全胜。庆功宴上，有人问厨师长昨晚做的什么菜，老厨子结结巴巴答不上来。最后洪秀全之妹洪宣娇说了句：就叫它"永州血鸭"吧。于是"永州血鸭"便由此而得名，并一直流传至今。经过历代永州厨界精英潜心钻研、精心烹制，"永州血鸭"以其独特的口味闻名于世。

操作视频

主料：老水鸭 250g；
辅料：青椒 30g、红椒 30g、干椒 15g；
配料：葱 10g、姜 10g、鸭血 50g、桂皮 5g、八角 15g、香叶 5g；
调料：盐 2g、老抽 5g、蚝油 5g、料酒 7g、白醋 10g、辣椒酱 5g、淀粉 5g、胡椒粉 5g、鸡粉 10g。

制作步骤

①

②

③

④

⑤

⑥

① 净锅放入水，下入鸭块，加料酒煮开，捞出备用。
② 锅上火，放底油，下姜、葱结、八角、桂皮、香叶、干椒煸香。
③ 下入鸭块，加入辣椒酱、盐、蚝油、红油、鸡粉、老抽、淀粉等调料，翻炒均匀，加入高汤。
④ 入高压锅压制 15 分钟。
⑤ 回锅收汁，淋入鸭血，下入青红椒段。
⑥ 翻炒均匀，装盘成菜。

> 📋 注意事项
>
> 　1. 放鸭血之前必须先在碗中加入适量米酒和食用盐。
> 　2. 鸭血下锅必须炒至完全熟透才能出锅。

操作视频

主料：嫩豆腐 500g；
辅料：五花肉 50g、香菇 50g；
配料：姜 20g、葱 10g；
调料：盐 2g、鸡精 2g、胡椒粉 3g。

制作步骤

① 将嫩豆腐改刀成块，五花肉切片，香菇切片，姜切片，葱切葱花。

② 油温四成将豆腐放入，炸至外表金黄，浮起后捞出沥油。

③ 锅中放入菜籽油烧热下入肉片炒香。

④ 翻炒肉片、炒香。

⑤ 放入姜片、清汤、豆腐，调入盐、鸡精、胡椒粉。

⑥ 将香菇入锅小火煮 5 分钟，转大火煮 1 分钟，放入葱花，出锅装入盘中。

🍵 注意事项

豆腐炸至浮起，要多翻面，保证内部细嫩。

47. 香酥河砣嫩

操作视频

主料：河砣嫩 250g；
配料：姜 20g、葱 10g；
调料：盐 5g、料酒 15g、椒盐粉 5g、生粉 50g、辣椒面 6g、油 50g。

制作步骤

① 河砣嫩加葱、姜、盐、料酒腌制半小时。

② 腌制后洗净，沥干、吸水备用。

③ 撒上生粉。

④ 逐个下入 5 至 7 成热油锅中，炸至酥脆捞出。

⑤ 放入码斗，加椒盐粉、辣椒面、葱花拌匀。

⑥ 摆放整齐装盘。

☕ 注意事项

　　1. 拍干粉炸制更能完整保留整形，口感更香酥。

　　2. 选用均匀大小的主料，火候更好掌控。

操作视频

主料：大牛蛙 1200g；
配料：青椒圈 25g、葱花 10g、紫苏 20g、姜片 10g、蒜 15g、整干椒段 15g；
调料：盐 5g、香油 15g、胡椒粉 15g、豆瓣酱 15g、剁辣椒 10g、酱油 20g、油 50g、啤酒 500g。

制作步骤

① ② ③

④ ⑤ ⑥

① 牛蛙去内脏、洗净后斩段。

② 调入盐、酱油将牛蛙腌 5 分钟。

③ 锅中放油，下入豆瓣酱、剁辣椒、姜蒜片、整干椒段炒香。

④ 放入牛蛙，翻炒爆香，倒啤酒翻炒，最后放青椒圈、紫苏煮熟。

⑤ 放胡椒粉，淋香油。

⑥ 出锅撒葱花即成。

注意事项

　　牛蛙过油时要掌握好火候，切忌过火。

49. 茶油烧鸡

操作视频

准备材料

主料：仔鸡 350g；
辅料：红尖椒 50g、小米辣 50g；
配料：姜 25g、蒜 20g、葱 10g；
调料：茶油 75g、盐 5g、生抽 5g、老抽 3g、二锅头 10g、鸡精 10g、蚝油 15g。

制作步骤

① 将鸡宰杀去内脏，洗净剁成小块。
② 红尖椒、小米辣切小段，姜切片。
③ 鸡肉下入沸水锅中煮开，倒出沥干水分。
④ 锅烧热，下入茶油、姜片爆香后下入鸡块，加盐，烹二锅头炒干水分。
⑤ 下入蒜、小米辣翻炒均匀。
⑥ 调味，加入生抽、老抽、鸡精、蚝油，翻炒均匀。
⑦ 加水旺火烧开，转中小火烧至入味。
⑧ 收汁，加入红尖椒，旺火翻拌均匀。
⑨ 出锅装盘。

🍲 注意事项

　　注意调味及火候的控制。

50. 钵钵凤爪

操作视频

主料：鸡爪 600g；
辅料：洋葱 50g；
配料：姜 10g、蒜 60g、小红米椒 50g、香葱 5g、八角 3g、桂皮 3g、香叶 3g；
调料：盐 3g、鸡精 3g、老抽 3g、蚝油 6g、料酒 10g、十三香 3g、辣鲜露 5g、蒸鱼豉油 5g、啤酒 100g、
　　　生粉 6g。

制作步骤

① 主料用清水解冻，去掉爪子，剐上一字花刀。

② 净锅放水，下入鸡爪、料酒，主料过水冲洗干净。

③ 倒入高压锅，放入八角等香料，加入盐、姜、适量清水，压八分钟捞出主料备用。

④ 锅内放油，三成油温时入蒜蓉、小红米椒末煸香，然后放入鸡爪。

⑤ 加入蚝油、三十香、老抽、蒸鱼豆豉油、辣鲜露等，倒入啤酒烧制收汁。

⑥ 洋葱打底装盘。

☺ 注意事项

　　消化功能弱的人群，尽量少食用鸡爪。

操作视频

主料：带皮五花肉 250g；
辅料：鸡蛋 1 个、蒜 20g、青花椒 10g、干椒 30g、麻花 100g、炸熟的花生米 80g；
配料：葱 5g；
调料：盐 5g、鸡精 5g、生粉 50g、面粉 100g、料酒 5g。

制作步骤

① 将五花肉加水、料酒、盐煮熟后冲洗干净。
② 将五花肉切大片，干椒切圈，蒜切米，葱切葱花。
③ 取碗加入面粉、生粉、鸡蛋、盐、少许水调制成全蛋糊。
④ 起锅烧油至五成油温，将五花肉挂糊后炸至金黄色后沥油备用。
⑤ 另起锅下油，油温三成热时下干椒、蒜米、青花椒炒香。
⑥ 将肉片、麻花、花生米、葱花入锅拌匀后调入鸡精，翻炒均匀，装盘。

☺ 注意事项

　　1. 糊不宜调太稀，肉必须煮透，肉片挂糊时要防止脱糊；
　　2. 控制油温，要炸酥，炸至金黄色

操作视频

主料：鲜寒菌 300g、五花肉 200g；
配料：生姜 5g、蒜 5g、葱花 5g；
调料：菜籽油 50g、盐 3g、酱油 5g、辣椒油 5g、胡椒粉 1g。

制作步骤

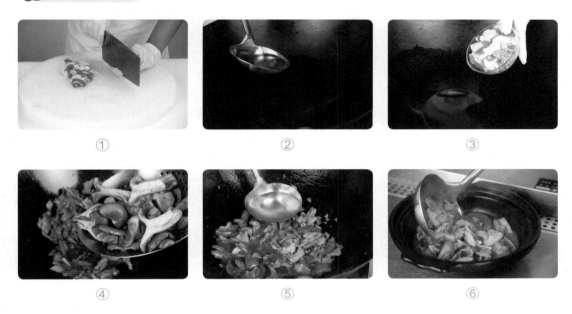

① 　　　　　　　② 　　　　　　　③

④ 　　　　　　　⑤ 　　　　　　　⑥

① 将五花肉切成长 5 厘米、厚 0.5 厘米的片，并将生姜和蒜切片。

② 炒锅置旺火上，放入油烧至七成热。

③ 加入肉片，炒出油，加酱油翻炒，加入姜片爆香。

④ 下入寒菌，大火翻炒。

⑤ 先加辣椒油等调料，然后加入鲜汤，煮至沸腾。

⑥ 转入砂锅后撒葱花即可。

☕ 注意事项

　　注意刀工、火候以及调味。

操作视频

准备材料

主料： 攸县香干 300g；
辅料： 尖红辣椒 50g、尖青辣椒 50g；
配料： 青蒜 50g、蒜 10g；
调料： 油 50g、酱油 5g、盐 5g、蚝油 10g、鸡精 5g、香油 5g、生粉 10g。

制作步骤

① 锅内烧开水后放少许酱油，将香干入锅氽制后捞起沥干水分。

② 起锅倒入适量油。

③ 油热后，放入尖青辣椒、尖红辣椒、蒜、青蒜根部炒香。

④ 加入攸县香干。

⑤ 调入适量盐、蚝油、酱油，翻炒均匀，倒入调水的生粉翻炒，以保证香干口感嫩滑。

⑥ 淋入香油，加入青蒜叶子，快速翻炒，出锅装盘。

☕ 注意事项

  香干不要切太薄，容易碎。

操作视频

主料：土家腊肉 300g；
辅料：土家咸干椒 30g；
配料：豆豉 5 克、干椒粉 5g、香葱 3g；
调料：鸡精 3g、料酒 10g。

制作步骤

① 将腊肉洗净切片。

② 土家咸干椒泡发，挤干水分切段。

③ 净锅放水、料酒后下腊肉。

④ 水开后小火煮十分钟左右捞出冲凉。

⑤ 碗中放入咸干椒打底，腊肉均匀码在辣椒上，撒上鸡精、豆豉、干椒粉。

⑥ 入蒸柜上汽蒸三十分钟，拿出撒葱花即可。

☺ 注意事项

豆豉中含有盐分，请酌量放盐。

55. 黄焖黑山羊

准备材料

主料：带皮黑山羊肉 400g；
辅料：土豆 300g、胡萝卜 100g；
配料：当归 1 个、葱 15g、蒜 15g、姜 15g；
调料：菜油 50g、盐 10g、生抽 10g、老抽 5g、料酒 10g、醋 5g。

制作步骤

① ② ③
④ ⑤ ⑥

① 先将羊肉洗净、土豆去皮、胡萝卜去皮、姜去皮、蒜去皮、当归洗干净。然后将羊肉切块、土豆切块、胡萝卜切块、姜切片、蒜切片、当归切段。
② 锅中放水，下入羊肉、姜片，撇净浮沫，捞出洗净。
③ 将提前切好的土豆、胡萝卜过油，捞出备用。净锅放油，中小火将姜、蒜爆香，放当归等调料，倒入腌好的羊肉、翻炒均匀入味。
④ 加入土豆、胡萝卜翻炒均匀，加清水没过锅中的主料，调入盐、醋、生抽、老抽、料酒。
⑤ 中小火继续焖煮 45 分钟，烧到收汁。
⑥ 焖好的羊肉出锅，撒上葱段即可。

> 🍲 **注意事项**
> 羊肉可以用清水泡一会儿去血水，可以减少异味。

操作视频

准备材料

主料：沙坡里腊肉 200g；

辅料：鲜冬笋 100g、尖红椒 50g；

配料：青蒜 50g、姜 15g、蒜 15g；

调料：油 50g、盐 3g、生抽 10g、老抽 5g、蚝油 10g、胡椒粉 5g、红油 10g、香油 5g。

制作步骤

① 先将腊肉洗干净，冬笋去老皮，尖红椒去把，青蒜去根洗干净，姜蒜去皮；然后将腊肉切成三毫米左右片，冬笋切 3 毫米片，尖红椒切菱形片，青蒜切斜刀段，姜蒜切片。

② 腊肉温水下锅烧开，煮掉盐分，捞出凉水冲洗沥干水，冬笋开水下锅，焯水捞出用凉水冲洗后沥干水。

③ 腊肉用 5 成油温过油。

④ 锅中放底油烧热，下姜、蒜、青蒜头、冬笋、尖红椒翻炒均匀，放少许盐继续炒一会。

⑤ 放入腊肉翻炒，调味放盐、生抽、老抽、蚝油、胡椒粉。

⑥ 先淋 10 克水炒入味，然后淋红油、香油，放入青蒜叶炒一会出锅装盘。

注意事项

腊肉要水煮去盐，冬笋要焯水冲凉保持脆嫩。

操作视频

准备材料

主料：新鲜邵东黄花菜 800g；
辅料：五花肉末 80g；
配料：葱花 10g、红椒圈 5g；
调料：猪油 20g、生抽 6g、鸡精 3g、胡椒粉 2g、生粉 5g。

制作步骤

① ② ③

④ ⑤ ⑥

① 将新鲜黄花菜去除蒂部老茎后洗净，下入烧开的清水中，焯水后捞出，沥干备用。
② 热锅下熟猪油烧热，下入五花肉末、红椒圈炒香，煸炒出油。
③ 调入鸡精、生抽、胡椒粉，下入焯好水的黄花菜。
④ 淋入薄芡，大火迅速翻炒均匀。
⑤ 出锅装盘。
⑥ 撒上葱花装饰。

🍲 注意事项

1. 黄花菜焯水时间应长一点，使其熟透。
2. 黄花菜含有秋水仙碱，具有毒性，应在 60℃ 以上的高温水中焯水才能去除。

58. 隆回虾球烩百合

准备材料

主料：虾仁（或大龙虾肉）200g、猪肉 150g；

辅料：邵阳隆回龙牙百合 200g；

配料：葱 15g、姜 10g、青豆 20g；

调料：盐 6g、胡椒粉 3g、料酒 5g、鸡精 3g、白糖 3g、生粉 5g、蛋清一个。

制作步骤

① 虾去壳，去虾线，与肉一起剁碎。

② 调入盐、鸡精、胡椒粉、生粉、鸡蛋清、葱姜酒汁，加适量清水搅打上劲制成馅。

③ 将虾馅分成丸子，然后稍微压扁，将百合粘在虾球上。

④ 上笼蒸 5 分钟。

⑤ 净锅加水，下青豆，加盐、鸡精、胡椒粉、白糖烧开。

⑥ 勾芡，烧开，浇在虾球上即可。

✦ 注意事项

虾仁要去虾线，用葱、姜、料酒做成葱姜酒汁去腥味。

59. 莽山苦笋炒肉末

操作视频

主料：莽山苦笋 400g；
辅料：猪五花肉 80g、酸菜 50g；
配料：干椒末 20g、蒜 10g、香葱 5g；
调料：油 100g、盐 5g、蚝油 3g、酱油 3g、陈醋 3g、香油 2g。

制作步骤

① 　② 　③

④ 　⑤ 　⑥

① 将苦笋拍扁，切成丁。

② 放入沸水锅中焯水后冲凉，猪五花肉剁成肉末，酸菜、蒜、葱切末。

③ 净锅先将苦笋炒干水分，再净锅热油，下肉末、苦笋炒香。

④ 下酸菜、蒜、干椒末炒香。

⑤ 下盐、蚝油、陈醋、酱油，炒入味后淋香油。

⑥ 装盘后撒葱花。

🍲 注意事项

　　苦笋一定要先炒干水分再炒制，这样更香，入味效果更好。

60. 湘西土鸡汤

主料：土老母鸡 1 只；

配料：姜 10g、枸杞 10g、葱 20g；

调料：盐 3g、鸡精 2g、胡椒粉 5g、白糖 5g、料酒 30g、油 50g。

制作步骤

① 将鸡宰杀处理干净，鸡肉剁成 2.5 厘米左右大小的块。

② 起锅烧水，锅中放料酒，下入鸡块过水备用。

③ 姜切片，葱切葱花，枸杞泡水备用。锅中放油，下姜片、料酒鸡块煸炒。

④ 加高汤没过主料，放盐、鸡精、白糖后转入高压锅压 12 分钟。

⑤ 在压好的鸡汤中放入枸杞、胡椒粉调味。

⑥ 出锅装盘撒葱花。

☕ 注意事项

　　洗净的土鸡一定要先在开水锅中煮一下，这样不仅可以除去血水，还去除一部分脂肪，避免过于肥腻，使成汤清亮不混浊，鲜香无异味。

61. 白辣椒炒肥肠

准备材料

主料：猪肥肠（鲜）600g；
辅料：干白椒 100g；
配料：青蒜叶 30g、姜 10g、蒜 10g、葱 10g、姜 10g；
调料：油 30g、盐 3g、鸡精 2g、蚝油 10g、生抽 10g、料酒 10g。

制作步骤

① 将肥肠里外翻洗干净。

② 锅中加入清水，下入肥肠，加葱、姜、蒜、料酒、盐煮熟，捞出备用（8 分熟透即可）。

③ 肥肠改刀切成滚刀块。

④ 锅置火上放油，先煸香姜、蒜，然后下肥肠翻炒均匀，再下干白椒一起煸炒。

⑤ 调入盐、鸡精、生抽、蚝油、料酒一起翻炒均匀。

⑥ 撒入青蒜叶翻炒出锅即可。

　👅 注意事项

　　1. 肥肠不能煮太老，断生即可。

　　2. 内脏腥味较重，初加工处理需细致。

62. 火焰临武鸭

准备材料

主料：临武鸭一只，约 1250g；
辅料：泰椒 50g、仔南瓜 300g；
配料：姜 50g、蒜 50g、香葱 10g、黄干椒 10g、八角 5g、桂皮 5g；
调料：菜籽油 100g、盐 6g、蚝油 5g、生抽 5g、老抽 3g、二锅头 2 两。

制作步骤

① 将鸭子切约 5 厘米长的条状。

② 将鸭子冷水下锅煮开，捞出冲凉，姜切片，蒜切粒，泰椒切圈，香葱切成 2 厘米长段，八角、桂皮掰碎，黄干椒切成 1 厘米的小段。

③ 净锅下菜籽油烧热。

④ 下鸭块、姜片、八角、桂皮、干椒炒香，下盐、蚝油、生抽、老抽调味炒匀，下入清水烧开，小火焖约 30 分钟。

⑤ 下泰椒、蒜粒旺火收汁。

⑥ 仔南瓜垫入锅仔，出锅盛装，撒上葱段，淋上二锅头。点燃，形成火焰。

🍲 注意事项

1. 鸭子选择 3～5 个月的鸭，不老不嫩，口感正好。
2. 点燃要注意安全、不要烧伤。

操作视频

主料：土洋鸭 400g；
辅料：天麻片 50g；
配料：姜片 15g、葱花 5g；
调料：油 20g、白酒 10g、鸡精 5g、盐 10g、胡椒粉 5g。

制作步骤

① 将洋鸭清理干净后砍成 5～6 厘米长的块，天麻片清洗干净后用冷水泡软，生姜清洗干净后切片，
葱清洗干净后切成葱花备用。
② 炒锅入油，放入姜片爆香，下入洋鸭，中火炒干水分。
③ 加入白酒，放盐炒香。
④ 放入天麻、鸡精、胡椒粉，加入高汤，没过洋鸭，旺火烧开。
⑤ 倒入高压锅，上汽后压 10 分钟。
⑥ 盛入砂锅，撒葱花即可。

　🍲 注意事项
　　洋鸭炖前不要煮，以免营养流失。

操作视频

准备材料

主料：仔排骨 500g；

辅料：土豆 100g；

配料：豆豉 20g、葱 10g、姜 5g；

调料：盐 1g、鸡粉 5g、生抽 8g、蚝油 10g、老抽 5g、胡椒粉 8g，干椒粉 10g。

制作步骤

① 将排骨砍成 2 厘米左右的小段，放入清水中洗去血水。

② 将排骨放入砂锅中，调入盐、鸡粉、胡椒粉、油、生抽、老抽、蚝油腌制入味。

③ 将土豆切成 1 厘米见方的块，碗内放入土豆打底，把腌制好的排骨盖在土豆上。

④ 撒上干椒粉、姜末和豆豉。

⑤ 将装有排骨和土豆的砂锅放在蒸架上，盖上锅盖，大火烧至高压锅冒汽后转小火蒸 15 分钟后关火。

⑥ 出锅撒上葱花即可。

65. 湘味素扣肉

操作视频

主料：冬瓜 2000g；
辅料：芽菜 100g；
配料：葱 10g、红椒 10g；
调料：盐 5g、老抽 3g、蚝油 8g、胡椒粉 3g、生粉 5g。

制作步骤

① 将冬瓜去皮清洗干净待用。

② 冬瓜改刀，剞上花刀，加入盐腌制。红椒切米，葱切葱花。

③ 净锅放油，六成油温时将冬瓜过油，炸成金黄色，捞出备用。

④ 将冬瓜放入器皿中，盖上芽菜，入蒸柜上汽蒸 30 分钟，扣入碗里待用。

⑤ 锅内放入胡椒粉、老抽、盐、蚝油、少许高汤调味，收汁勾芡。

⑥ 均匀淋在主料上，撒葱花、红椒米即可。

注意事项

1. 冬瓜不能切得太大，适中即可；

2. 注意蒸制时间的把握。

操作视频

准备材料

主料：猪脚 1000g；
辅料：薏苡仁 300g；
配料：姜 20g；
调料：盐 10g、菜籽油 100g、八角 1g、桂皮 1g、整干椒 10g、香叶 1g。

制作步骤

① 将猪脚剁块后放入锅中煮开，去掉浮沫后捞出。

② 锅中加入菜籽油，然后加入姜、八角、桂皮、香叶、干椒煸干，最后放入猪脚煸香。

③ 加入清水后加入盐调味。

④ 放入高压锅中压 15 分钟后，下入薏苡仁微火焖熟。

⑤ 盛入砂锅中。

⑥ 撒葱花即可。

👅 注意事项

注意火候的把控。

操作视频

主料：新鲜猪肚 250g；
配料：姜 10g、葱 5g、花椒 5g、花椒粉 3g、生粉 20g、青椒 50g、干椒粉 5g；
调料：盐 3g、白醋 5g、糖 2g、红油 20g、香油 10g、料酒 50g、生抽 5g、鸡精 5g。

制作步骤

① 将猪肚用料酒、生粉揉洗去除表层黏液，反复冲洗干净。

② 猪肚煮开，去异味后放入高压锅中，加水、葱、姜、料酒，上汽压 15 分钟。

③ 捞出后切成丝。

④ 将姜切丝，青椒切丝，葱切段。

⑤ 将姜、花椒粉和所有配料、调料放入码斗中，浇入七成热花生油激香。

⑥ 加入肚丝拌匀，装盘即可。

注意事项

　　猪肚一定要清洗掉黏液，需反复清洗几遍。

操作视频

主料：香干 60g、捆鸡 30g、卤牛肉 20g、韭菜 20g；
配料：蒜 20g、葱 30g、姜 20g、小米辣 20g；
调料：麻辣鲜 5g、十三香 5g、鸡精 3g、盐 2g、白糖 2g、卤水 5kg、红油 30g、辣椒粉 10g。

制作步骤

① ② ③

④ ⑤ ⑥

① 将卤牛肉切薄片，香干切厚片，捆鸡切圆片。

② 韭菜切段，小米辣、蒜切碎。

③ 香干、捆鸡、牛肉改切后入沸卤水中，浸卤 1 分钟左右捞出备用。

④ 韭菜放入沸卤水中烫至断生后捞出备用。

⑤ 加小米辣、蒜少许盐和辣椒粉炒香，放入主料中，加鸡精拌匀。

⑥ 加入少许卤水、红油等调料抓拌均匀即可。

注意事项

1. 香干、捆鸡、牛肉要处理好，提前卤好；

2. 选料的时候要选好料。

69. 常德牛杂钵

准备材料

主料：牛腩 150g、牛肚 150g、牛肠 150g、牛心 150g、牛舌 150g；

辅料：小红米椒 50g；

配料：蒜 30g、生姜 30g、八角 5g、桂皮 5g、整干椒 30g、葱 15g、当归 10g；

调料：盐 10g、鸡汁 10g、生抽 5g、蚝油 10g、料酒 15g、胡椒粉 5g、牛肉酱 20g、辣妹子 15g、菜油 80g、白酒 10g、鸡精 3g。

制作步骤

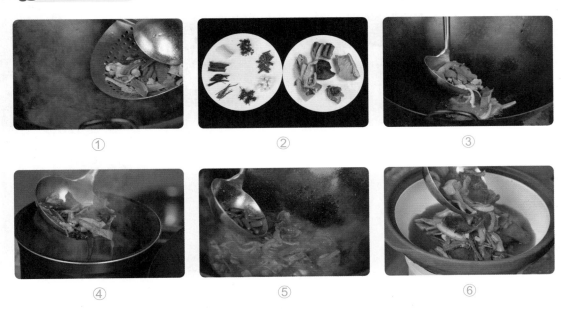

① 净锅放水，放入料酒、主料，过水（水开三分钟左右）捞出。

② 蒜切粒，生姜切片，小红米椒切节，葱切葱花。

③ 净锅放入菜油，烧开入姜片煸炒出香味，入主料、白酒煸炒。

④ 放入八角等香料煸炒出香味，入牛肉酱料翻炒均匀，入蚝油、盐、生抽、胡椒粉翻炒均匀，加入适量高汤，放入高压锅中，上汽压十五分钟留主料原汤。

⑤ 净锅锅内放少许油，入蒜粒煸香，入主料原汤、小红米椒，中火烧制收汁。

⑥ 盛出装盘，撒葱花即可。

注意事项

主料一定要处理干净。

70. 子姜鳝鱼

主料：鳝鱼 300g；
配料：子姜 50g、尖红椒 50g、韭菜花 50g；
调料：盐 6g、胡椒粉 25g、菜籽油 50g、酱油 5g、醋 40g、料酒 10g、剁辣椒 25g。

制作步骤

① 鳝鱼切段，尖红椒切圈，韭菜花切段，子姜切片。

② 起锅烧油，烧至 5 成油温时入姜片爆香。

③ 放鳝鱼煎至金黄色。

④ 放剁辣椒、料酒炒香，放入韭菜花继续煸炒。

⑤ 再放盐、酱油、醋、胡椒粉翻炒均匀。

⑥ 出锅即成。

🍲 注意事项

注意主料的初加工处理以及煎的颜色和调味。

71. 铁板串烧兔

准备材料

主料：兔肉 500g；

配料：淀粉 25g、孜然粒 10g、芝麻 10g、葱 10g、姜 10g、蒜 10g、干红椒节 15g、蒜苗 20g；

调料：料酒 30g、盐 10g、鸡精 10g、生抽 10g、蚝油 20g。

制作步骤

① 将蒜苗切成 0.3 厘米左右的小段，兔肉去骨切成 2 厘米的块。

② 用盐、鸡精、料酒、生抽、蚝油、淀粉腌制上浆备用，葱切花，姜、蒜切末。

③ 兔肉用竹签串好，入六成油温锅中炸成金黄色，外焦里嫩时捞出沥干。

④ 锅内留底油，下入姜、蒜、蒜苗、干红椒节爆香。

⑤ 调味下盐、鸡精、蚝油炒香，下入兔肉串，翻炒均匀。

⑥ 盛入铁板中，把配料浇在上面，撒上芝麻、葱花、孜然粒即可成菜。

> ♨ 注意事项
>
> 1. 兔肉腌渍需要一定时间，肉质才嫩和入味。
> 2. 此菜需选用嫩的兔肉，否则口感不佳。

72. 紫苏炒田螺

操作视频

主料：田螺肉 300g；
辅料：尖红椒 80g；
配料：姜 10g、蒜 10g、小米椒 10g、紫苏 30g；
调料：辣妹子辣椒酱 30g、料酒 10g、盐 5g、鸡精 2g、蚝油 5g、生抽 5g、胡椒粉 3g。

制作步骤

① ② ③

④ ⑤ ⑥

① 田螺肉用清水反复清洗干净，再改刀。尖红椒切成指甲片大小，小米辣切节，姜、蒜切末，紫苏切碎。
② 水烧开，加料酒，下田螺肉，煮开后过凉，沥干备用。
③ 锅烧热后下菜籽油，加入姜、蒜爆香。
④ 下入小米辣、尖红椒、盐炒匀，再下入田螺翻炒，加鸡精、蚝油、生抽、胡椒粉和辣妹子辣椒酱，旺火炒匀。
⑤ 炒至入味后加入紫苏，翻炒均匀。
⑥ 出锅装盘。

> 😋 注意事项
>
> 1. 田螺肉要清洗干净，不能有泥沙，可用面粉揉搓；
> 2. 田螺肉要爽口，不能吃不动；
> 3. 中大火，快速翻炒。

操作视频

准备材料

主料：东江湖生态雄鱼一条约 1500g；
辅料：青、红尖椒各 50g；
配料：姜 15g、蒜 15g、香葱 10g、紫苏 10g；
调料：菜籽油 100g、盐 10g、鸡精 3g、胡椒粉 5g、白糖 2g、料酒 5g。

制作步骤

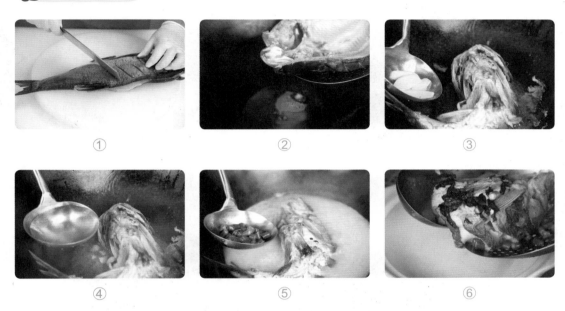

① ② ③

④ ⑤ ⑥

① 将雄鱼去鳞，背部剖开，去腮、内脏，将黑膜刮洗干净，在有脊骨的一边剃上斜刀，姜切片，蒜切粒，青、红尖椒切成 2 厘米的长段，紫苏切条，香葱切成 3 厘米的长段。

② 净锅热油，撒少许盐，搅拌均匀，将雄鱼皮朝下煎至表皮略显焦黄。

③ 下姜、蒜爆香，下入高汤、盐、胡椒粉、鸡精、白糖等调料。

④ 反复将汤汁淋至鱼身，大火煮约 8 分钟。

⑤ 下青、红尖椒和紫苏后煮两分钟。

⑥ 盛入砂锅，撒上葱段即可。

🍲 注意事项

煮鱼的过程宜用大火，煮汤会更浓、更白。

主料：河鳗 1000g；

配料：生姜 15g、红小米椒 20g、鲜紫苏 20g、小葱 15g；

调料：盐 10g、鸡精 5g、蚝油 10g、蒸鱼豉油 10g、胡椒粉 5g、生抽 20g、料酒 20g、生粉 20g。

制作步骤

① 将鳗鱼切成 3 厘米的小段。

② 鳗鱼中加葱、姜、料酒、盐、鸡精入味腌制。

③ 将腌制过的鳗鱼粘上生粉。

④ 下油锅中煎至全身金黄出锅。

⑤ 锅入油爆香姜末、红小米椒。

⑥ 加入盐、鸡精、蚝油、蒸鱼豉油、胡椒粉、生抽。

⑦ 鱼入锅，淋料酒。

⑧ 加入鲜紫苏。

⑨ 盛盘后加入葱花。

☕ 注意事项

1. 鱼去内脏时注意别绞破内胆。

2. 粘生粉时要均匀，煎鱼时要掌握好火候。

75. 砂锅牛蹄

操作视频

准备材料

主料：牛蹄 1000g、鲜牛筋 400g；
辅料：土豆 600g；
配料：蒜 50g、乡里小红椒 50g、香葱 15g、姜片 10g、八角 4g、桂皮 5g、干红椒 15g、香叶 6g；
调料：茶油 30g、盐 5g、鸡精 3g、料酒 10g、红烧酱油 3g、邵阳辣椒酱 5g。

制作步骤

① 将牛蹄、牛筋水煮，去掉浮沫，捞出洗净。
② 土豆洗净去皮切滚刀块，蒜去皮稍拍松，乡里小红椒去蒂切圈，香葱洗净切段，姜去皮一半拍松一半切粒。
③ 热锅下油，下入土豆过油捞出。
④ 锅下油，放蒜、姜片、八角、桂皮、干红椒、香叶、乡里小红椒，翻炒爆香。
⑤ 下牛蹄，入料酒去腥，加入邵阳辣椒酱、盐、鸡精、红烧酱油、水，大火烧开。
⑥ 入高压锅中压 45 分钟，挑去姜、葱、香料。
⑦ 另起锅下入牛蹄及汤，下入牛筋，烧至收汁出锅。
⑧ 装入有炸好的土豆砂锅内。
⑨ 淋上汤汁，撒上葱段即可。

🍲 注意事项

牛蹄初加工要处理干净，以免有异物。

酒店流行菜

主料：翘嘴鱼 800g；

配料：姜 20g、蒜 20g、黄贡椒 30g、红小米椒 60g、紫苏 50g、小葱 10g；

调料：豆瓣酱 5g、辣妹子 10g、盐 2g、鸡精 2g、胡椒粉 50g、蚝油 3g、生抽 3g、料酒 50g、蒸鱼豉油 20g。

制作步骤

① 将鱼宰杀去鳞、鳃，背部切开后去内脏，切花刀，加盐腌制一天。

② 将红小米椒切圈，紫苏切碎，姜、蒜切末。

③ 锅内放油，下鱼煎至两面金黄色捞出备用。

④ 锅内留油，下姜蒜末，调入豆瓣酱、辣妹子炒香，加入红小米椒、黄贡椒翻炒。

⑤ 加水，调入蚝油、生抽、蒸鱼豉油、胡椒粉、鸡精、紫苏熬香至汤浓稠。

⑥ 摆盘淋上原汤，撒入葱花。

注意事项

1. 翘嘴鱼要用盐腌制，时间最好一天，这样更入味，肉质更紧。

2. 翘嘴鱼小刺比较多，老人、小孩食用时一定要注意。

操作视频

准备材料

主料：去骨鳝鱼 300g；

配料：芝麻 10g、紫苏 10g、葱 10g、姜 20g、蒜 20g、小米椒 30g、干椒节 50g、蒜苗 15g；

调料：盐 3g、生抽 3g、鸡粉 3g、蚝油 3g、料酒 5g、胡椒 2g、花椒 10g。

制作步骤

① 将葱切花，姜、蒜切米，紫苏切碎，小米椒切碎，鳝鱼切成 5 厘米长的片状，蒜苗切段。

② 起锅烧水，下入鳝鱼，汆制后倒入漏勺沥干水。

③ 热锅入油，烧至七成熟时倒入鳝鱼，待外表焦黄时捞出，沥干油备用，蒜苗控油备用。

④ 锅留底油，下姜、蒜、小米辣、干椒节煸炒。

⑤ 下鳝鱼、蒜苗炒匀。

⑥ 加入盐、鸡粉、蚝油、生抽等炒至入味，下入紫苏、出锅撒入葱花。

 注意事项

　　一定要选择鲜活的鳝鱼。

操作视频

🌀 准备材料

主料：肥肠 500g、白萝卜 100g；
辅料：青线椒 15g；
配料：姜片 10g、葱 5g、干辣椒 10g、花椒粒 5g、白芝麻 5g、蒜 5g；
调料：卤水 100g、盐 6g、料酒 8g、豆瓣酱 2g、鸡精 3g、菜油 30g、老抽 5g。

🌀 制作步骤

① 将肥肠洗净、水煮去异味后，放入卤水中卤制半小时后，捞出改成滚刀块。

② 萝卜去皮，改成滚刀块；青线椒切节，葱切花，姜、蒜切片，干辣椒切节。

③ 萝卜焯水后放入砂锅垫底。

④ 菜油烧热，下入姜、蒜翻炒，下豆瓣酱炒出红油，下入干辣椒节翻炒爆香，再下肥肠大火快速翻炒，调入料酒、盐、鸡精、老抽翻炒均匀。加高汤一勺，旺火烧开，倒入砂锅内。

⑤ 起锅下油，下入花椒粒、青椒节爆香，浇在肥肠上。

⑥ 装盘撒上葱花、白芝麻。

🍲 注意事项

肥肠应用面粉抓洗干净，保证无异味。

79. 干锅土豆片

主料：土豆 300g；
辅料：洋葱 100g；
配料：干辣椒 30g、小米椒 10g、蒜 15g、姜 15g、小葱 10g；
调料：盐 3g、生抽 30g、鸡精 5g、蚝油 5g、老抽 2g。

制作步骤

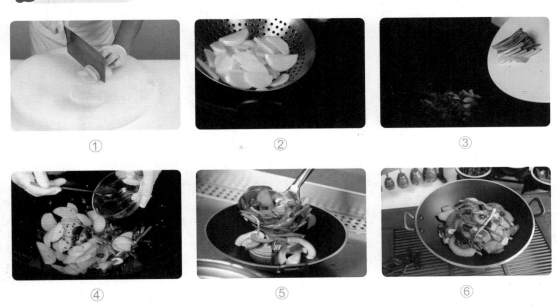

① 将土豆削皮洗干净后均匀切片，小米椒切碎，葱切段，蒜切片，干辣椒切段。

② 锅中入油，油温五成热时下土豆，小火炸至金黄捞出备用。

③ 锅中入油，放入配料炒香。

④ 放入土豆、盐、鸡精、蚝油、老抽、生抽翻炒均匀。

⑤ 洋葱放入干锅底部。

⑥ 将炒好的土豆装入干锅。

🍲 注意事项

　　土豆淀粉含量较高，多翻动以防止粘锅。

操作视频

主料：泥鳅 100g；
辅料：白豆腐 400g；
配料：姜 10g、葱 15g；
调料：油 20g、盐 3g、鸡汁 2g、料酒 5g。

制作步骤

① 泥鳅放入清水中，加少许盐，清洗吐尽泥水。

② 将白豆腐改刀成约 2 厘米大小的立方块。

③ 锅洗干净，加适量清水（冷水），把泥鳅放进去。

④ 煮开 5 分钟之后下姜、豆腐，一起小火炖。

⑤ 待泥鳅软烂、豆腐出小针孔状时，加入姜、葱段、油、盐、料酒、鸡汁。

⑥ 稍炖至入味即可装盘（有熟鸡油，加上更好）。

> ☕ 注意事项
>
> 泥鳅下锅一定要冷水，否则跳得厉害，此菜宜淡不可咸。

81. 外婆菜炒四季豆

操作视频

☁ 准备材料

主料：四季豆400g;
辅料：尖青椒50g、尖红椒50g、外婆菜200g;
配料：蒜25g;
调料：盐30g、生抽20g、蒸鱼豉油20g、蚝油20g、鸡精20g。

☁ 制作步骤

① 　　　　　　② 　　　　　　③

④ 　　　　　　⑤ 　　　　　　⑥

① 将四季豆去筋膜后洗净切段，尖红椒、尖青椒、蒜洗净。

② 净锅下油烧至五成热时下四季豆走油捞出。

③ 净锅下底油，下尖红椒粒、尖青椒粒和蒜粒炝锅，加入盐，翻炒煸香。

④ 下入外婆菜炒香，下四季豆，大火快炒。

⑤ 加入生抽、蚝油、蒸鱼豉油、鸡精，翻炒均匀。

⑥ 出锅装入碗中。

🍲 注意事项

　　1. 四季豆走油时间不宜太长，断生即可。

　　2. 四季豆含亚硝酸钠成分，须烹熟再食用。

82. 乡村豆腐皮

操作视频

主料：豆腐皮 300g；
辅料：大青椒 5g、红辣椒 50g；
配料：香葱 15g、姜 10g、蒜 10g；
调料：油 50g、盐 5g、蚝油 10g、味极鲜 10g、红油 10g、香油 5g。

制作步骤

① ② ③

④ ⑤ ⑥

① 将大青椒、红辣椒去把洗干净，香葱去根，姜去皮，蒜去皮洗干净。将主料等切成丝。

② 起锅烧水下入豆腐丝，加入料酒，焯水备用。

③ 热锅放油烧至三成热时下入香葱、姜丝、蒜片翻炒均匀，加入红辣椒丝、青椒丝翻炒至断生。

④ 下入豆腐丝。

⑤ 翻炒入味，放入盐、蚝油、味极鲜翻炒后淋红油、香油，翻炒均匀。

⑥ 出锅装盘。

注意事项

炒豆腐皮调味时可放少许汤汁，防止太干口感不好，还有助于均匀入味。

操作视频

准备材料

主料：麻鸭 1 只 1250g；
配料：子姜 150g、尖红椒 125g、小葱 150g；
调料：菜籽油 150g、盐 5g、甜面酱 40g、啤酒 500g。

制作步骤

①   ②   ③

④   ⑤   ⑥

① 将鸭宰杀去毛，开膛除去内脏，洗净。斩断头、脚，去掉鸭颈和脊骨。
② 把鸭肉剁成 1 厘米见方的小丁，鸭肝切片，鸭肫切菊花形，鸭肠打结。
③ 锅内放清油，烧至六成热时下入所有主料煸炒，翻炒均匀。
④ 炒至鸭肉红润时加入甜面酱，翻炒均匀。
⑤ 加汤、啤酒至鸭肉水平线。
⑥ 放盐，煮至汁浓油亮时，加姜、尖红椒翻炒，装入盘中，撒葱花即可。

注意事项

1. 做好主料初加工处理；
2. 刀工要均匀。

84. 黄瓜熘岩耳

操作视频

准备材料

主料：黄瓜 300g、水发湘西岩耳 200g；

配料：红椒 20g、姜 5g；

调料：油 50g、盐 15g、生粉 2g。

制作步骤

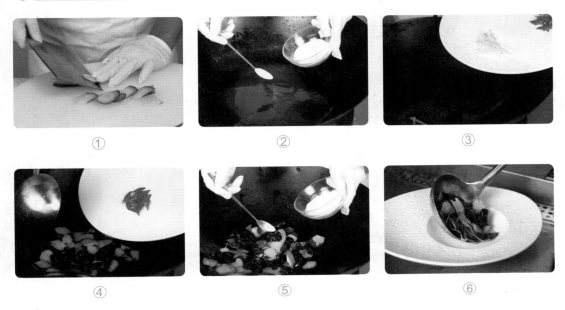

① 黄瓜切斜刀片，岩耳撕成黄瓜一样大的片，红椒切片，姜切丝。

② 水烧开，加盐，下黄瓜、岩耳焯水。

③ 净锅加热放油，下姜丝煸香。

④ 下黄瓜、岩耳、红椒片。

⑤ 调味，加盐炒匀。

⑥ 勾薄芡，翻炒均匀，出锅装盘。

注意事项

1. 注意刀工、火候；

2. 主料要焯水断生。

操作视频

准备材料

主料：河虾 50g、黄鸭叫 100g、鱼嫩子 100g；

配料：生姜 15g、鲜紫苏 30g、小葱 15g、红小米椒 30g；

调料：盐 10g、鸡精 8g、胡椒粉 5g。

制作步骤

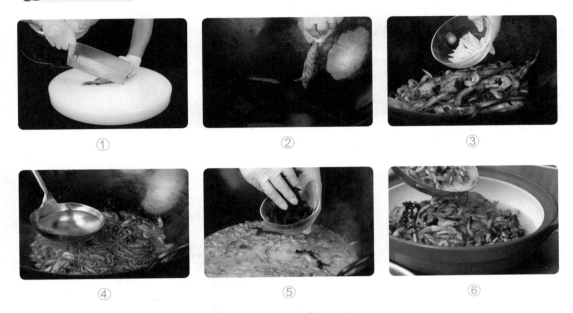

① ② ③

④ ⑤ ⑥

① 将河虾清洗干净备用，鱼嫩子清洗干净去内脏备用，黄鸭叫从下巴撕开，去内脏，清洗干净备用。

② 锅入菜籽油烧至断生，将黄鸭叫煎至两面金黄后捞出。

③ 下入鱼嫩子、河虾，煎至断生。加入黄鸭叫、生姜、红小米椒、盐、鸡精、胡椒粉。

④ 锅中加入水烧开，打去浮沫至汤白。

⑤ 加入鲜紫苏、葱花。

⑥ 出锅装盘。

注意事项

1. 煎鱼时，一定要煎至两面金黄，不可乱动，不然鱼全碎了。

2. 煎鱼时注意火候，当心煎煳。

操作视频

🌀 准备材料

主料：腊牛蛙 400g；

配料：小米辣 15g、生姜 20g、蒜 10g、葱 8g、豆豉 5g；

调料：盐 5g、鸡精 8g、花椒 15g、生抽 15g、蚝油 8g、干辣椒 30g。

🌀 制作步骤

① 将腊牛蛙用温水泡发，放入蒸锅中蒸至软烂，撕成条状备用；姜、蒜清洗干净备用。

② 起锅烧油，至 4 成油温时下牛蛙走油，捞起备用。

③ 另起锅烧油，下入花椒、姜、蒜、豆豉、小米辣等炒香。

④ 调入盐、鸡精、蚝油、干辣椒、生抽，翻炒均匀。

⑤ 下牛蛙翻炒入味。

⑥ 盛出装盘、撒入葱花。

🍳 注意事项

　　腊牛蛙必须温水泡发，蒸熟，起油时控制油温。

操作视频

主料：新鲜黄鸭叫 600g；
配料：紫苏 50g、姜 50g、蒜 10g、葱 50g、花椒 50g、干红椒 20g、红小米椒 200g、生菜 200g；
调料：蒸鱼豉油 10g、盐 3g、蚝油 8g、鸡精 3g、火锅底料 60g、山胡椒油 10g、辣妹子 50g、料酒 100g。

制作步骤

① 锅内入油，烧至四成油温。
② 先下姜、蒜炒香，再下花椒、红小米椒翻炒。
③ 放入火锅底料、蚝油等翻炒。
④ 加入一大碗水烧开，中小火后调入鸡精、蒸鱼豉油、山胡椒油等调味。
⑤ 将汤熬至浓香后留原汤入砂锅。
⑥ 放入紫苏、红小米椒，将砂锅置于电磁炉中，烧开后下入黄鸭叫即可。

☕ 注意事项

1. 主料改刀时要从背部改刀，这样食用时容易熟、入味；
2. 配料要炒香；
3. 紫苏是做鱼必不可少的一种配料，有去腥提鲜的作用。

88. 排骨烧马蹄

操作视频

主料：排骨 300g；

辅料：马蹄 100g；

配料：姜片 15g、蒜片 15g、香菜 20g、葱 10g、辣椒粉 15g；

调料：油 50g、盐 10g、料酒 10g、老抽 5g、生抽 10g、蚝油 10g、水淀粉 10g、白糖 3g。

🌀 制作步骤

① 锅中放入料酒，下入姜片和葱。

② 再放入洗净的排骨，水煮 20 分钟后，捞出冲凉沥干水。

③ 锅中入油，下入姜片、蒜、葱爆香。

④ 放入排骨大火爆炒，倒入洗好的马蹄继续翻炒均匀，最后倒入排骨汤。

⑤ 加盐、老抽、生抽、蚝油、辣椒粉等，翻炒排骨马蹄让其入味。

⑥ 用水淀粉勾芡，装盘后撒上葱段和香菜叶装饰。

🍲 注意事项

　　购买带皮的马蹄时，建议选用外形较大、尖顶较短的马蹄，口感较为爽脆。

操作视频

准备材料

主料：乡里腊排骨 300g；
辅料：浏阳豆豉 15g、干椒粉 15g；
配料：姜片 15g、葱 10g；
调料：鸡精 8g、老抽 5g、料酒 20g、菜籽油 20g。

制作步骤

① ② ③

④ ⑤ ⑥

① 腊排骨提前一天用温水浸泡，冲洗干净后，砍成 3 厘米左右的小段，姜切片，葱切成葱花。

② 锅入水，加入腊排骨、姜、葱、料酒，煮 5 分钟左右出锅，洗净放入瓦盆中。

③ 将瓦盆中的腊排骨沥干水分，加鸡精、干椒粉、浏阳豆豉，淋入菜籽油、老抽。

④ 将调好味的腊排骨放入高压锅中。

⑤ 上汽后压 40 分钟。

⑥ 出锅撒点葱花。

注意事项

1. 腊排骨吃前需提前浸泡，不然很咸。

2. 腊排骨属于腌腊制品，不宜多吃。

90. 茶油煎泥鳅

主料：中等泥鳅 350g；

辅料：小米椒 20g；

配料：姜 15g、蒜瓣 20g、紫苏 10g、葱 10g；

调料：盐 3g、白醋 5g、生抽 8g、鸡粉 2g、茶油 180g、蚝油 10g。

制作步骤

① 泥鳅去内脏，小米椒切圈，蒜、姜切米，葱切花，紫苏切碎。

② 锅内倒入茶油，烧至六成油温。

③ 倒入泥鳅，大火煎炸 2 分钟，待泥鳅煎炸至金黄色，倒入漏勺沥油。

④ 锅留底油，下入姜蒜米和小米椒。

⑤ 加盐、鸡粉、蚝油，下入泥鳅翻炒爆香。

⑥ 放入白醋、生抽调味，加入紫苏翻炒均匀，出锅装盘撒葱花即可。

> ### 注意事项
>
> 1. 炸泥鳅时油不要过多，半煎半炸，注意安全；
>
> 2. 翻炒时少加水，突出酥香味；
>
> 3. 泥鳅可先加盐放清水中去除一些黏液。

91. 香蒜炒大块腊肉

操作视频

主料：腊肉 500g；
辅料：青蒜 100g；
配料：红干椒 20g、蒜 3g；
调料：食盐 3g、生抽 3g、胡椒粉 3g、鸡精 3g、色拉油 10g。

制作步骤

① 将腊肉煮开 30 分钟，去盐分后洗净，青蒜洗净沥干水分。

② 腊肉切片，青蒜切斜刀段，红干椒切节，蒜拍碎备用。

③ 净锅放油，煸香腊肉，翻炒均匀。

④ 加入胡椒粉、鸡精、盐、蒜、生抽、红干椒节、蒜杆翻炒均匀。

⑤ 加入蒜叶翻炒均匀。

⑥ 出锅装盘。

注意事项

　　1. 干椒小火煸出味不能糊，怕辣可以换成鲜辣椒，蒜杆多炒两下，蒜叶迅速炒拌即可。

　　2. 腊肉提前泡水，去除盐分。

操作视频

主料：鱼头 1000g；

辅料：自制鱼头酱 70g、鲜尖椒碎 30g；

配料：葱结 1 个、葱花 5g、蒜 5g、鲜紫苏 10g、姜 10g；

调料：白醋 10g、蒸鱼豉油 30g、色拉油 10g、啤酒 30g、猪油 20g、白糖 10g、蚝油 10g、鸡粉 8g、浏阳豆豉 10g。

制作步骤

① ② ③

④ ⑤ ⑥

① 将鱼头两边剞花刀洗净，眼睛处剞十字花刀备用。

② 在一个碗中放入浏阳豆豉、蚝油、蒜末、鸡粉、白糖、鲜尖椒碎、色拉油、啤酒、猪油、鱼头酱等调成汁备用。

③ 锅中放紫苏、姜片打底，鱼头放入中间摆盘。

④ 将调制汁均匀抹在鱼身上，放入葱结。

⑤ 上锅蒸 8 ～ 10 分钟。

⑥ 出锅拿去葱结，淋上蒸鱼豉油，撒葱花即可。

🍲 注意事项

1. 注意宰杀、腌制、蒸的时间。

2. 鱼头不要抹盐。

93.青椒紫苏嫩仔鱼

操作视频

准备材料

主料：嫩仔鱼 500g；

配料：姜 20g、蒜 20g、青尖椒 8g、红尖椒 5g、紫苏叶 8g；

调料：盐 1g、蚝油 5g、料酒 30g、蒸鱼豉油 10g、生抽 10g。

制作步骤

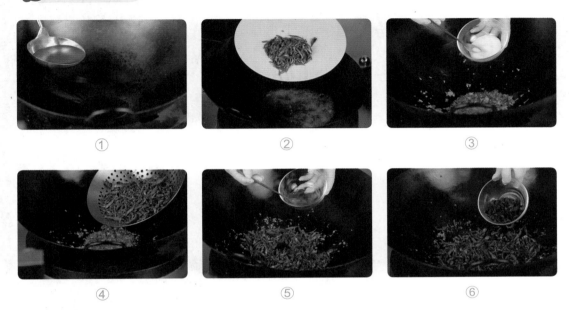

① 起锅烧油，油温烧至五成热。

② 下入腌好的嫩仔鱼，炸制酥黄，捞出备用。

③ 锅放少许油，下入青、红尖椒圈和姜、蒜末煸香后放入盐。

④ 下入炸好的嫩仔鱼翻炒。

⑤ 调入蒸鱼豉油、生抽、蚝油、料酒翻炒均匀。

⑥ 放入紫苏叶快速翻炒，出锅装盘。

注意事项

主料过油不可过久。

操作视频

🌸 准备材料

主料：猪脚 500g；

辅料：酱板鸭 100g、红尖椒 20g；

配料：姜 20g、蒜 30g、葱 5g、红干整椒 20g；

调料：盐 20g、生抽 5g、老抽 5g、料酒 30g、蚝油 5g、八角 5g、桂皮 3g、红油豆瓣酱 10g、白芷 20g、糖色 15g、鸡精 10g。

🌸 制作步骤

① ② ③

④ ⑤ ⑥

① 将猪脚、姜、葱、干整椒和各种香料放高压锅中压 12 分钟。

② 将猪脚剁成 5 厘米大的块备用，汤汁备用。

③ 锅中放底油，下入猪脚，加入酱板鸭、生姜、蒜，翻炒出香味。

④ 倒入高汤、老抽、生抽、蚝油、红油豆瓣酱、盐、鸡精翻炒均匀。

⑤ 加入料酒、红尖椒碎，加糖色盖上盖焖 15 分钟。

⑥ 出锅撒葱花、装盘成菜。

🍲 注意事项

1. 猪脚要先煮开，去异味，酱板鸭腌制入味。

2. 收汁时别烧干水分，要留一些汤汁才香糯。

操作视频

主料：牛蛙 750g、酱板鸭 400g；
辅料：小红米椒 50g；
配料：洋葱 30g、姜 10g、蒜 10g、葱 5g、紫苏 3g；
调料：盐 3g、蚝油 5g、老抽 2g、生粉 3g、辣鲜露 5g、蒸鱼豉油 3g、胡椒粉 2g、香油 10g、料酒 5g。

制作步骤

① 牛蛙改刀成块放入盐、生粉、料酒腌制码味。

② 净锅放油，六成油温时将牛蛙过油，过油后捞出备用。

③ 净锅放油，放入姜、小红米椒煸香，放入牛蛙翻炒均匀。

④ 加入胡椒粉、老抽、蚝油、蒸鱼豉油、辣鲜露、香油，翻炒均匀。

⑤ 下入紫苏翻炒均匀，烧制收汁。

⑥ 洋葱垫底，酱板鸭放在洋葱上，装盘即可。

注意事项

　1. 酱板鸭不能太咸，卤制时要注意时间（2 小时）；

　2. 牛蛙一定要去皮，切块，不能切太大块；

　3. 酱板鸭和牛蛙烧时，牛蛙不能烂、碎。

操作视频

准备材料

主料：西芹 500g；
辅料：海米 100g、枸杞 15g；
配料：葱 15g、姜 10g、蒜 10g；
调料：油 50g、盐 5g、生粉 5g、鸡精 5g。

制作步骤

① ② ③

④ ⑤ ⑥

① 将芹菜去叶子洗干净，海米用温水泡发，姜、蒜去皮，小葱去根洗干净。芹菜切段，姜、蒜切米，葱切花。

② 锅里放少许油烧热，下姜、蒜、葱煸香。

③ 放入芹菜翻炒。

④ 调味，放盐、鸡精炒匀。

⑤ 放入海米翻炒均匀。

⑥ 用湿淀粉勾芡，撒入枸杞，翻炒均匀后出锅装盘即可。

97. 口味排骨

操作视频

主料：猪仔排 500g;

配料：姜 10g、小葱 5g、大蒜 10g、小米辣 10g、红线椒 15g、青线椒 15g;

调料：油 20g、盐 5g、鸡精 3g、料酒 6g、吉士粉 5g、椒盐粉 6g、熟芝麻 3g、鸡蛋 1 个。

制作步骤

① 排骨洗净砍块，用淀粉抓洗，沥干水分后加盐、料酒、鸡精、吉士粉、椒盐粉、鸡蛋，抓匀腌制 3 小时。

② 起锅浇油，下入排骨炸至金黄。

③ 锅留底油，下青红线椒圈、小米辣、大蒜炒香。

④ 下排骨翻炒。

⑤ 加入椒盐粉、鸡精、熟芝麻等翻炒均匀。

⑥ 出锅装盘即可。

☙ 注意事项

口味排骨应入锅炸香，成菜更加干香。

操作视频

主料：鸡杂 250g；
辅料：香芹 200g；
配料：泡椒 25g、泡姜 25g、花椒粒 5g；
调料：菜油 50g、生抽 8g、豆瓣酱 5g、盐 1g、淀粉 5g、鸡精 2g、胡椒粉 1g、料酒 10g。

制作步骤

① ② ③

④ ⑤ ⑥

① 将鸡心对半切开，鸡肝切厚片，鸡胗切片，鸡肠切段。

② 用胡椒粉、淀粉、生抽、料酒、鸡精抓匀腌制。

③ 热锅下菜油，烧至七成热时下入腌好的鸡杂，爆至八分熟马上捞出。

④ 锅下油，下花椒粒、泡姜、泡椒炒香，下入香芹、豆瓣酱炒出红油。

⑤ 下入鸡杂，调入鸡精、生抽等调料，大火快速翻炒至芹菜断生。

⑥ 出锅装盘。

🥄 **注意事项**

　　鸡杂易老，芹菜易熟，所以此菜要注意火候，需快速翻炒。

操作视频

主料：白毛肚 350g；
辅料：小米椒 20g、香芹 40g；
配料：姜 5g、蒜 5g；
调料：油 30g、盐 3g、蚝油 15g、生抽 10g、山胡椒油 5g。

制作步骤

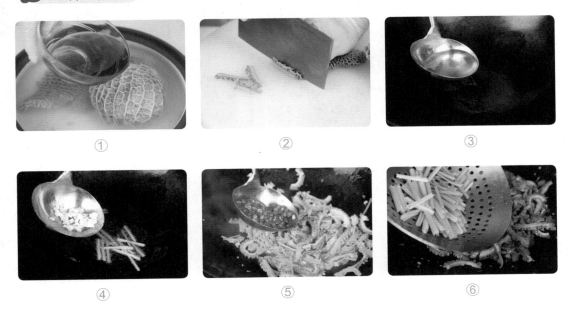

① 将白色毛肚洗干净，加料酒氽制。

② 将煮熟的毛肚切成肚丝，姜切成丝，蒜拍烂。

③ 锅上火洗净，放上色拉油。

④ 3～4 成油温时先炒香姜、蒜。

⑤ 下毛肚一起炒香，下入小米辣翻炒均匀。

⑥ 再放入盐、蚝油、生抽、山胡椒油翻炒均匀。最后加上香芹翻炒，即可装盘。

☕ 注意事项

　　牛肚腥味重，一定要加料酒、陈醋、葱姜水、面粉搓洗干净，去除腥味。

100. 寒菌烧肉

操作视频

准备材料

主料：鲜寒菌 500g、五花肉 150g；
配料：葱 10g、姜 5g；
调料：盐 15g、鸡精 3g、胡椒粉 15g。

制作步骤

① 将寒菌切开，五花肉切片，姜切片，葱切花。

② 净锅下油，下五花肉煸香，加入姜、寒菌炒香出味。

③ 调入盐、鸡精、胡椒粉，加汤。

④ 小火烧十分钟后入高压锅压 30 分钟。

⑤ 锅中取出，盛入砂锅。

⑥ 下入葱花即可装盘。

注意事项

1. 寒菌不能有黄沙，要洗净；

2. 五花肉要煸香；

3. 烧寒菌时火不能太大，不然汤会难看。

图书在版编目（CIP）数据

湘菜 / 新东方烹饪教育组编. -- 北京：中国人民
大学出版社，2023.12
ISBN 978-7-300-32449-4

Ⅰ. ①湘… Ⅱ. ①新… Ⅲ. ①湘菜－菜谱 Ⅳ.
① TS972.182.64

中国国家版本馆 CIP 数据核字（2023）第 244507 号

中华饮食文化丛书

湘菜

新东方烹饪教育　组编

Xiangcai

出版发行	中国人民大学出版社			
社　　址	北京中关村大街 31 号		**邮政编码**	100080
电　　话	010 - 62511242（总编室）		010 - 62511770（质管部）	
	010 - 82501766（邮购部）		010 - 62514148（门市部）	
	010 - 62515195（发行公司）		010 - 62515275（盗版举报）	
网　　址	http://www.crup.com.cn			
经　　销	新华书店			
印　　刷	北京瑞禾彩色印刷有限公司			
开　　本	787 mm × 1092 mm　1/16		**版　　次**	2023 年 12 月第 1 版
印　　张	13.75		**印　　次**	2023 年 12 月第 1 次印刷
字　　数	230 000		**定　　价**	52.00 元